Emilia **Bruno** Claudio **Lombardo**

LA PROVA INVALSI DI MATEMATICA PER LA TERZA MEDIA

Con prove
COMPUTER BASED

In appendice
Verso l'Esame di Stato

Laboratorio per prepararsi alla prova scritta di Matematica prevista nell'**Esame di terza media**

III Edizione

Simone
PER LA SCUOLA

S16/1 | La prova INVALSI di Matematica per la terza media
ISBN 978-88-914-3614-6

Coordinamento redazionale | Dario **di Majo**

curvilinee
Art director | Gianfranco **De Angelis**
Responsabili grafici di fotocomposizione | Bianca **Pierro** e Marco **Esposito**
Coordinatrice di fotocomposizione | Iole **Reale**

Questo volume è stato stampato presso **PL Print s.r.l.**
Via Don Minzoni, 302 - Cercola (NA)

Ristampe
8 7 6 5 4 3 2 1 2023 2024 2025 2026

PREMESSA

Questo volume si propone come guida e allenamento per prepararsi alla Prova INVALSI di Matematica per le classi terze della Scuola Secondaria di I grado.
La prova, predisposta dall'Istituto Nazionale per la Valutazione del Sistema educativo di Istruzione e di formazione (INVALSI), ha lo scopo di *"verificare i livelli generali e specifici di apprendimento conseguiti dagli alunni"*.
Dall'anno scolastico 2017-18 la prova non concorre più alla determinazione del voto finale, ma il suo superamento rappresenta requisito necessario di accesso all'esame. La prova nazionale INVALSI viene svolta prima del termine dell'anno scolastico, generalmente a partire dal mese di aprile, in modalità online (prove CBT, computer based test). Al momento del rilascio del diploma di licenza, la scuola consegnerà anche una certificazione delle competenze raggiunte nelle discipline coinvolte.

Per accompagnarti nel lavoro che svolgerai durante l'intero anno scolastico, il testo è suddiviso in più parti: una fase di riscaldamento iniziale per poi affrontare contenuti, approfondimenti e prove via via più articolate.
Per il testo è stata ideata una nuova modalità di approccio, diversa dai testi che fino ad oggi hanno affrontato la preparazione alla sola prova Invalsi. Abbiamo immaginato di riprendere il filo della preparazione ripartendo da quanto già acquisito, per poi lanciarsi nel mondo della matematica del terzo anno.
"**Un po' di riscaldamento**": per aiutarti a rivedere gli argomenti studiati nei primi due anni, affrontandoli con una modalità differente *"stile INVALSI"*.

La parte centrale "**OBIETTIVO ESAME**" mira proprio a prepararti alla prova finale: prima affrontando gli argomenti e le conoscenze che, mese dopo mese, acquisirai con il tuo docente, poi proponendo delle prove complete che abbracciano tutti i contenuti e le tematiche, con lo scopo di sviluppare le competenze matematiche.

"**Esercitiamoci sui contenuti**" mira a consolidare le conoscenze sugli argomenti affrontati e si completa con due sezioni, **Logica** e **Coding**, per allenare la mente a tipologie di quesiti non legati ai contenuti disciplinari, ma al ragionamento logico e al pensiero computazionale.

"**Mettiamoci alla prova**" propone alcuni test completi, a difficoltà crescente, con i quali potrai valutare la tua preparazione prima di affrontare la prova nazionale INVALSI.

E non finisce qui: l'appendice finale "**Pronti per l'Esame di Stato!**" presenta esempi guidati, suggerimenti e simulazioni della prova di Matematica.
In questa **nuova edizione** del testo, la sezione è stata arricchita da una serie di esercizi sulle tematiche che mediamente vengono presentate all'Esame di Stato. Non troverai alcun quesito semplice o scontato, tutti hanno quella giusta dose di difficoltà da superare, per mettere alla prova le tue conoscenze. Naturalmente ricorda che questa parte si propone di dare indicazioni generali, ma non esaustive, su come affrontare la prova d'esame di Matematica, in quanto le prove sono stabilite dalle singole Scuole. Il nostro intento è farti esercitare, anche dopo la prova INVALSI, su come potrebbe essere strutturata una prova d'esame per affrontarla senza alcuna paura.

Perché “allenarsi”?

Per svolgere la prova avrai a disposizione un tempo limitato, pertanto è importante utilizzarlo al meglio per leggere con attenzione le richieste e poter rispondere con la dovuta tranquillità ai quesiti proposti.
L'obiettivo del testo è quello di concorrere a formare una modalità di pensiero che possa essere utilizzata per affrontare le tipologie di prove che l'Invalsi prepara per testare il grado di preparazione medio degli allievi e la loro capacità di affrontare situazioni problematiche.

I quesiti proposti appartengono ai quattro ambiti di conoscenza previsti dalle Indicazioni Nazionali:

- Numeri
- Spazio e Figure
- Relazioni e Funzioni
- Dati e previsioni

Le tipologie di esercizi si basano su quesiti a risposta aperta o chiusa, completamento, associazioni e argomentazioni.

La cosa importante è che tu faccia sempre attenzione al testo: leggi bene le informazioni che ti vengono date e individua le richieste, prima di procedere con lo svolgimento.

Non ci resta che augurarti Buon lavoro e... un grande in bocca al lupo per il tuo Esame!

Un po' di **riscaldamento**

AMBITO Numeri 8

AMBITO Spazio e Figure 16

AMBITO Relazioni e Funzioni 22

AMBITO Dati e Previsioni 27

Obiettivo **esame**

Esercitiamoci sui contenuti in modalità **INVALSI**

PROVA 1 I numeri relativi e il calcolo letterale 36

PROVA 2 Teoremi di Euclide – Circonferenza e cerchio 45

PROVA 3 Identità ed equazioni 53

PROVA 4 Rette e piani nello spazio – I solidi (poliedri e solidi di rotazione) 59

PROVA 5 Il piano cartesiano e la geometria analitica 66

PROVA 6 Probabilità e statistica 77

PROVA 7 Logica 85

PROVA 8 Coding e pensiero computazionale 92

Mettiamoci alla prova

PROVA A 114

PROVA B 120

PROVA C 127

PROVA D 134

PROVA E 143

Pronti per l'Esame di Stato!

Superiamo la Prova di MATEMATICA

1. La Prova scritta di Matematica 153

2. I contenuti della Prova 154

3. Esercitiamoci per l'esame 169

4. Esempi di Prove 180

Soluzioni - Esercitiamoci per l'esame 183

Un po' di **riscaldamento**

Iniziamo a "scaldare i motori"!

In questa sezione del testo troverai quesiti proposti in modalità INVALSI sugli argomenti studiati nei primi due anni di scuola. Potrai così ripassare le tue conoscenze, prima di affrontare la matematica del terzo anno.

AMBITO: NUMERI

Prerequisiti

Conoscere e saper operare con:

- Gli insiemi
- Insiemi N e Q
- Quattro operazioni
- Potenze e proprietà delle potenze
- Radici e loro proprietà
- Ordini di grandezza e notazione esponenziale
- MCD e mcm
- Proporzioni
- Grandezze direttamente e inversamente proporzionali
- Percentuali

1. Metti in ordine dal più piccolo al più grande:

0,0342 0,0324 0,0432 0,0423

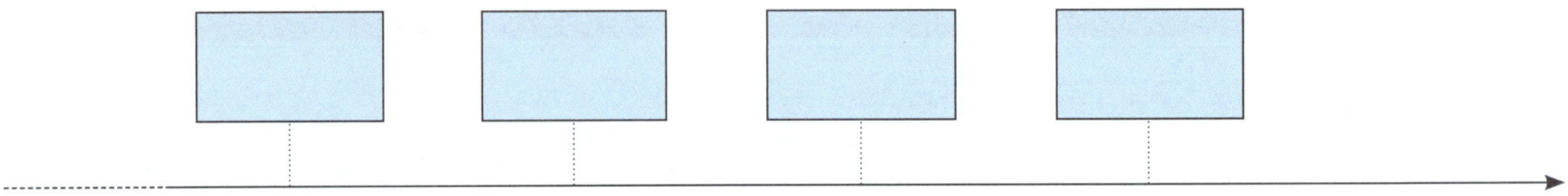

2. Solo una scomposizione corrisponde ad un quadrato perfetto!

A) ❑ $2^3 \cdot 3^2 \cdot 5$

B) ❑ $2^4 \cdot 5^2 \cdot 11^2$

C) ❑ $2^5 \cdot 5^2 \cdot 7^2$

D) ❑ $3^2 \cdot 5^4 \cdot 13$

3. Rebecca ha comprato un cappotto con il 30% di sconto e ha pagato 105€. Qual era il prezzo pieno sul cartellino?

A) ❑ 45 €

B) ❑ 150 €

C) ❑ 105 €

D) ❑ 70 €

4. La somma dei valori a e b è uguale al quadruplo di a. Ciò vuol dire che:

A) ❑ a e b non sono confrontabili

B) ❑ a è il quadruplo di b

C) ❑ a è la metà di b

D) ❑ b è il triplo di a

5. **Il doppio di $2{,}5 \cdot 10^3$ è:**

A) ❑ $5 \cdot 10^6$

B) ❑ $5 \cdot 10^3$

C) ❑ $2{,}5 \cdot 10^6$

D) ❑ 500

6. **Il MCD tra i numeri x e y è uguale ad x. Ciò significa che:**

		Vero	Falso
A)	x è un multiplo di y	❑	❑
B)	x è un sottomultiplo di y	❑	❑
C)	y contiene x un numero finito di volte	❑	❑
D)	Il quoziente tra x ed y è un numero intero	❑	❑

7. **Tre serie di lampadine si accendono contemporaneamente ogni 36 secondi. Se la prima si accende ogni 4 secondi e la seconda ogni 12 secondi, la terza potrebbe accendersi ogni:**

A) ❑ 24 secondi

B) ❑ 18 secondi

C) ❑ 15 secondi

D) ❑ 10 secondi

8. **Il numero 540 rappresenta i $\frac{3}{4}$ del valore a. Stabilisci se il valore b, che rappresenta i $\frac{2}{5}$ di 1200, è maggiore, minore o uguale ad a.**

Risposta ....

9. **Consumo $\frac{4}{6}$ di serbatoio per percorrere 360 km. Mantenendo sempre la stessa velocità, quanti km potrò percorrere con 3,5 pieni?**

A) ❑ Più di 1800 km

B) ❑ Meno di 1600 km

C) ❑ Tra 2000 e 2500 km

D) ❑ Meno di 1000 km

10. Solo uno dei valori risultanti non rappresenta un numero naturale. Quale?

A) ❑ $\frac{1}{2} + 0{,}4 + \frac{1}{10} + 2$

B) ❑ $\frac{3}{5} \cdot \frac{10}{9} + \frac{1}{3}$

C) ❑ $(0{,}1)^2 + \frac{9}{10} + (0{,}3)^2$

D) ❑ $\frac{5}{8} + \frac{3}{4} \cdot \frac{1}{2} - \frac{1}{2}$

11. Un prodotto da completare. Inserisci un valore frazionario nel riquadro per rendere vera l'uguaglianza.

$$\frac{\frac{3}{4} - \frac{1}{2} + \frac{1}{8}}{\frac{4}{6} + \frac{1}{3} - \frac{1}{12}} \cdot \boxed{?} = 3$$

A) ❑ $\frac{3}{22}$

B) ❑ $\frac{3}{8}$

C) ❑ $\frac{22}{3}$

D) ❑ $\frac{8}{3}$

12. Laura ha dimenticato il PIN del suo cellulare. Per fortuna ha annotato queste indicazioni:

- **Le prime due cifre sono il quadrato di 5**
- **La quarta cifra è il doppio della prima ed è la metà della terza**
- **La quinta e ultima cifra è la somma della seconda e quarta**

Sai aiutarla a ricordare il suo PIN?

A) ❑ 10249

B) ❑ 25849

C) ❑ 25489

D) ❑ 10829

13. La terza classe della sezione musicale è formata da 24 alunni, i $\frac{3}{8}$ studiano il violino, $\frac{1}{4}$ studia la chitarra, un alunno si dedica alle percussioni e i restanti si dividono in ugual numero tra pianoforte e flauto. Quanti sono gli studenti di pianoforte e flauto?

A) ❑ 9

B) ❑ 6

C) ❑ 16

D) ❑ 4

14. Martina e Ivan si incamminano insieme per il sentiero ma con velocità diverse: Martina è ai cinque sesti del percorso e Ivan ai cinque settimi. Cosa puoi dire?

A) ❑ Sono arrivati entrambi alla fine del percorso

B) ❑ Martina e Ivan hanno percorso lo stesso tratto

C) ❑ Ivan è più avanti di Martina

D) ❑ Martina è più avanti di Ivan

15. Il reparto Alpha Centauri del Gruppo Scout si incammina per il sentiero della riserva naturale per raggiungere il Rifugio Arnika. Sono partiti alle ore 8:35 e sono arrivati alle ore 14.15, camminando per 5 ore, fermandosi per il pranzo. Quanto è durata la sosta per pranzare?

A) ❑ 30 minuti

B) ❑ 35 minuti

C) ❑ 40 minuti

D) ❑ 45 minuti

16. Alla lezione del progetto di Robotica oggi i ragazzi hanno impiegato 40 minuti per montare i robottini messi a disposizione. Se hanno cominciato alle ore 14.30 e la lezione dura 120 minuti, quanto tempo è stato dedicato alla programmazione dei robot, considerando una pausa di 15 minuti per la merenda?

A) ❑ Un'ora

B) ❑ 60 minuti

C) ❑ 65 minuti

D) ❑ Un'ora e 15 minuti

17. Ida ha seminato il suo orticello dividendo in questo modo le colture: $\frac{1}{6}$ con melanzane, $\frac{5}{12}$ con zucchine, $\frac{1}{9}$ con fave e il resto con insalata di vario tipo. Quale parte del terreno è destinata alle insalate?

A) ❑ $\frac{1}{36}$

B) ❑ $\frac{11}{36}$

C) ❑ $\frac{25}{36}$

D) ❑ $\frac{5}{6}$

18. Il numero $3{,}05 \cdot 10^{-7}$ è scritto in notazione scientifica. A quale valore corrisponde?

A) ❑ 30500000
B) ❑ 0,000000305
C) ❑ 0,0000000305
D) ❑ 3050000000

19. Segna l'uguaglianza corretta:

A) ❑ $2071 = 1 \cdot 10 + 7 \cdot 10^2 + 2 \cdot 10^3$
B) ❑ $2071 = 1 \cdot 10 + 7 \cdot 10 + 2 \cdot 10^2$
C) ❑ $2071 = 1 \cdot 10^0 + 7 \cdot 10 + 2 \cdot 10^2$
D) ❑ $2071 = 1 \cdot 10^0 + 7 \cdot 10 + 2 \cdot 10^3$

20. In una classe 7 alunni su 20 portano gli occhiali. A che percentuale corrispondono gli alunni che non portano occhiali?

A) ❑ 35%
B) ❑ 53%
C) ❑ 28%
D) ❑ 65%

21. Una vincita viene divisa nel seguente modo:

$$\frac{1}{5}, \frac{2}{3}, \frac{1}{10}, ?$$

La frazione che manca rappresenta la parte maggiore della quota?

Risposta ....

22. La distanza tra le due località sulla cartina è di 4,8 cm. La scala utilizzata per la riduzione ci può fornire un'indicazione importante sull'effettiva distanza nella realtà.

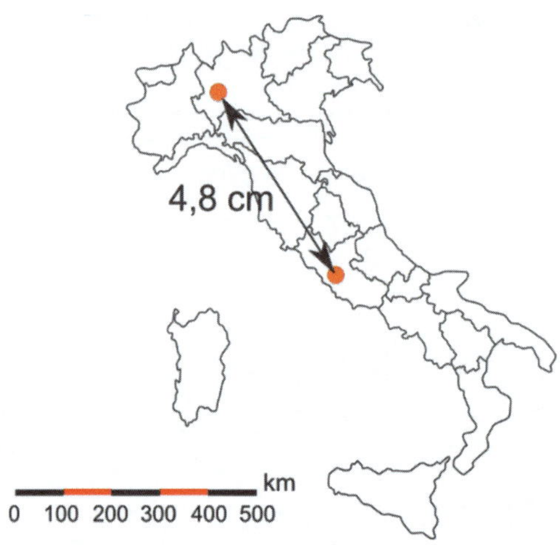

A) ❑ Le località distano tra loro 4800 km
B) ❑ Le località distano tra loro 4,8 km
C) ❑ Le località distano tra loro 48 km
D) ❑ Le località distano tra loro 480 km

23. Un numero presenta come cifre delle unità la cifra 3. Quale affermazione risulta vera?

A) ❑ Un numero dispari è sempre divisibile per 3
B) ❑ Il numero è sempre divisibile per un numero dispari
C) ❑ Il numero è multiplo di un numero primo
D) ❑ Il numero non è divisibile per 2

24. Se A = {x / x è appassionata di Basket}
B = {x / x è appassionata di Pallavolo}
C = {x / x è appassionata di Calcio}
quali affermazioni risultano corrette?

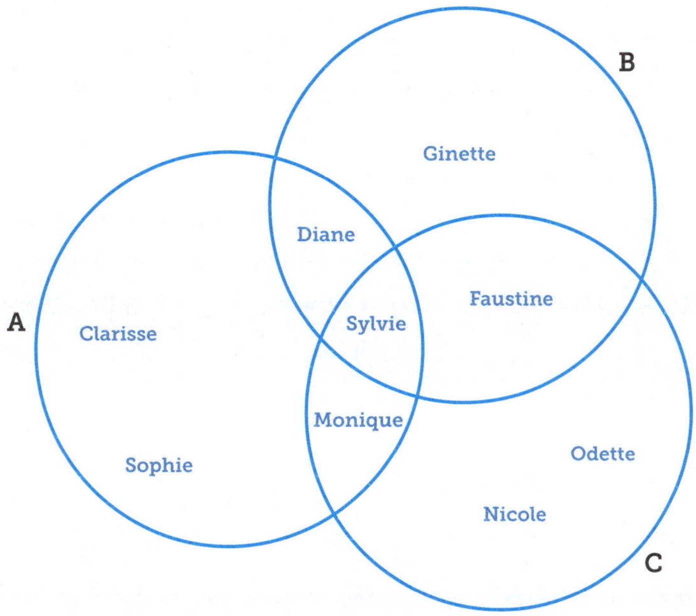

		Vero	Falso
A)	Clarisse non è appassionata di Pallavolo	❑	❑
B)	Diane ama il calcio e il Basket	❑	❑
C)	Non ci sono ragazze appassionate di tutti e tre gli sport	❑	❑
D)	Monique è appassionata di Basket e Calcio	❑	❑

25. La rappresentazione grafica potrebbe essere utilizzata per tradurre uno dei problemi che Valeria deve risolvere. Quale tra quelli in elenco?

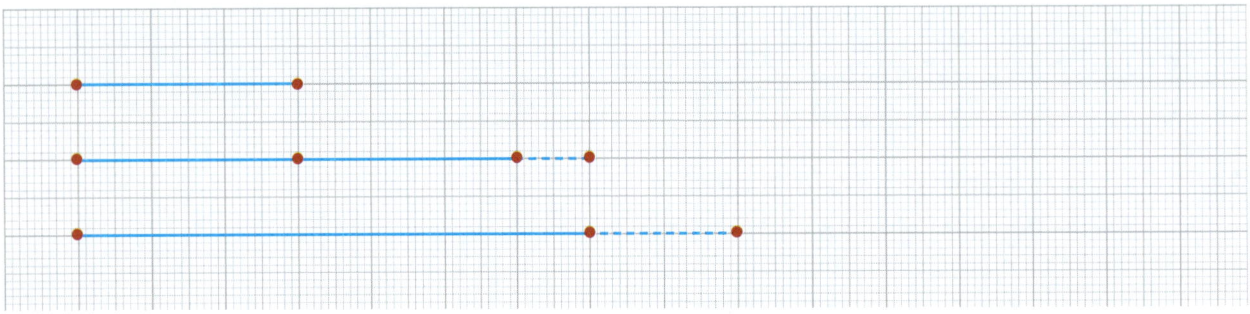

A) ❑ Le età di Carla, Alice e Valeria sono tali che la prima ha la metà degli anni della seconda e la terza ha un'età superiore a quella della seconda...

B) ❑ Nell'ultima partita Robert ha segnato la metà dei canestri di Sam e la terza parte di quelli realizzati da Hall....

C) ❑ Francesca ha a disposizione una somma che supera di 5€ il doppio della somma posseduta da Valeria, ma è inferiore di 10€ rispetto a quella posseduta da Camilla....

D) ❑ Le ultime tre tappe del giro hanno una lunghezza complessiva di 450 km. La prima è inferiore di 10 km rispetto alla seconda e la terza supera la seconda di 20 km...

26. Il mcm tra 320 e 45 è...

A) ❑ 2600

B) ❑ compreso tra $2^2 \cdot 5^4$ e $2^3 \cdot 3 \cdot 5^3$

C) ❑ il prodotto tra i due numeri

D) ❑ $2^5 \cdot 3^2$

27. Utilizzando le cifre del numero 3852 possiamo ottenere altri valori. Cosa possiamo sicuramente affermare?

		Vero	Falso
A)	I numeri ottenuti saranno sicuramente pari	❑	❑
B)	La differenza tra il più grande e il più piccolo dei valori che si possono ricavare è pari a 6174	❑	❑
C)	Con quattro cifre possiamo ottenere 24 valori differenti	❑	❑
D)	Il valore più grande ottenibile è un numero dispari	❑	❑

28. La radice quadrata di una frazione propria risulta essere...

A) ❑ un valore maggiore del rapporto tra numeratore e denominatore
B) ❑ un valore minore del rapporto tra numeratore e denominatore
C) ❑ un valore uguale al quoziente tra numeratore e denominatore
D) ❑ Non è possibile effettuare la radice di un valore sotto forma di frazione

29. Spendo i $\frac{3}{4}$ di quanto posseggo, poi $\frac{1}{4}$ di quello che rimane. Quale sarà la somma finale posseduta?

A) ❑ $\frac{1}{16}$ della somma iniziale
B) ❑ $\frac{3}{16}$ della somma iniziale
C) ❑ $\frac{1}{8}$ della somma iniziale
D) ❑ $\frac{1}{12}$ della somma iniziale

30. Quale risultato per la seguente espressione?

$$[(10^5 \cdot 10^9)^2 : (10^7 \cdot 10^2)^3]^4$$

A) ❑ 10^4
B) ❑ 10
C) ❑ 10^2
D) ❑ 10^5

AMBITO: SPAZIO E FIGURE

Prerequisiti

Conoscere e saper operare con:

- Enti fondamentali
- Angoli
- Unità di misura
- Proprietà delle figure geometriche
- Perimetro e area di poligoni
- Teorema di Pitagora

1. Tra le ampiezze relative a diversi angoli quali potrebbero rappresentare quelle di angoli complementari?

$\hat{\alpha}$	$\hat{\beta}$	$\hat{\gamma}$	$\hat{\delta}$
52° 30′	37° 59′	48° 30′	52° 01′

A) ❑ $\hat{\alpha}$ e $\hat{\beta}$

B) ❑ $\hat{\beta}$ e $\hat{\delta}$

C) ❑ $\hat{\alpha}$ e $\hat{\delta}$

D) ❑ $\hat{\beta}$ e $\hat{\gamma}$

2. Silvia versa del latte in un contenitore di volume 0,75 dm³ e lo riempie per i suoi $\frac{4}{15}$. Possiamo dire che Silvia a colazione beve...

A) ❑ $\frac{1}{5}$ di litro di latte

B) ❑ 0,02 dm³ di latte

C) ❑ 100 cl di latte

D) ❑ 0,25 dl di latte

3. Rette che si intersecano. Che tipo di triangolo si è formato?

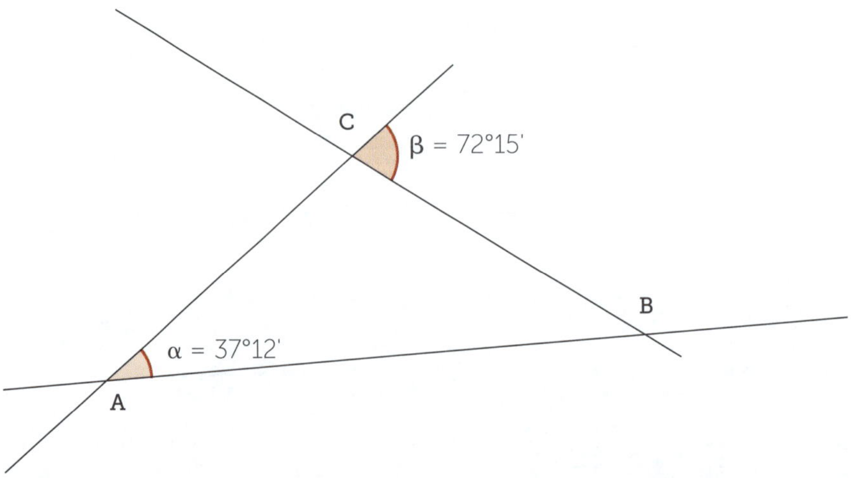

A) ❑ Triangolo equilatero

B) ❑ Triangolo isoscele

C) ❑ Triangolo rettangolo

D) ❑ Triangolo ottusangolo

4. Se β = 32°, solo uno dei risultati proposti corrisponde all'espressione:

$$\left(\frac{1}{2}\beta + \frac{1}{5}\beta + \frac{1}{4}\beta\right) - \frac{3}{8}\beta =$$

A) ❑ 24° 18′
B) ❑ 18° 24′
C) ❑ 12°
D) ❑ 20° 36′

5. Trova l'intruso! Qual è la terna che non può rappresentare gli angoli di un triangolo isoscele?

A) ❑ 48° 48° 84°
B) ❑ 90° 45° 45°
C) ❑ 70° 70° 45°
D) ❑ 65° 50° 65°

6. Che ora indicherà l'orologio, dopo che la lancetta delle ore avrà tracciato un angolo di 90°?

A) ❑ 10:05
B) ❑ 10:20
C) ❑ 08:20
D) ❑ 08:05

7. Osserva le figure seguenti e segna, tra quelle proposte, la proposizione non corretta

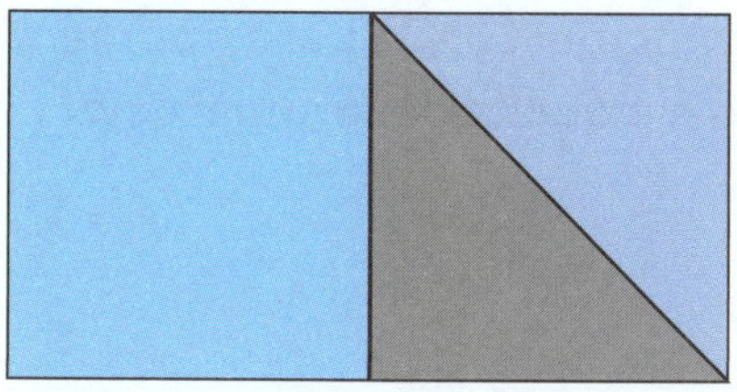
Figura 1

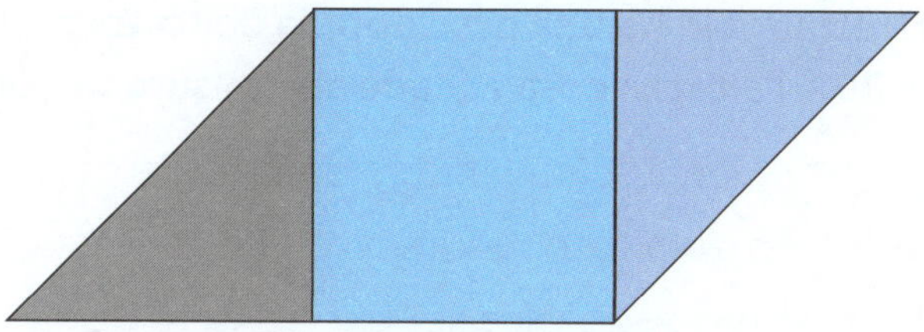
Figura 2

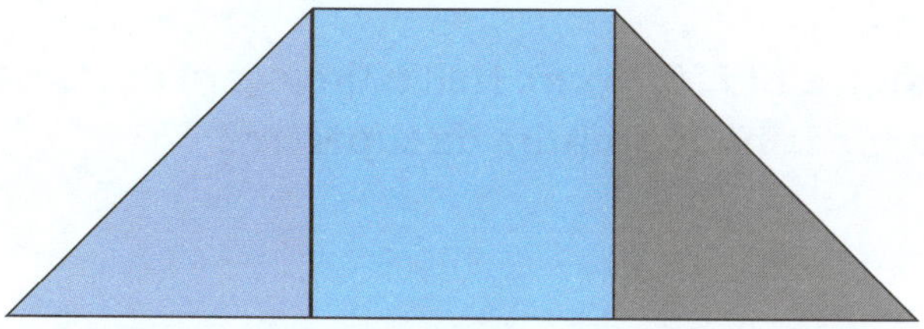
Figura 3

A) ❑ Le tre figure sono equivalenti
B) ❑ Le tre figure sono equicomposte
C) ❑ Le tre figure sono isoperimetriche
D) ❑ Solo la figura 2 e la figura 3 sono isoperimetriche

8. I dati ci forniscono indicazioni su perimetro e area. Solo due poligoni sono isoperimetrici ed equivalenti.

Poligono 1	Base: 14 cm	Altezza: 12 cm	Lato: 13 cm	
Poligono 2	Base: 16 cm	Altezza: 6 cm	Lato: 4 cm	
Poligono 3	Base: 12 cm	Altezza: 8 cm		
Poligono 4	Base: 4 cm	Base: 10 cm	Lato: 12 cm	Altezza: 8 cm

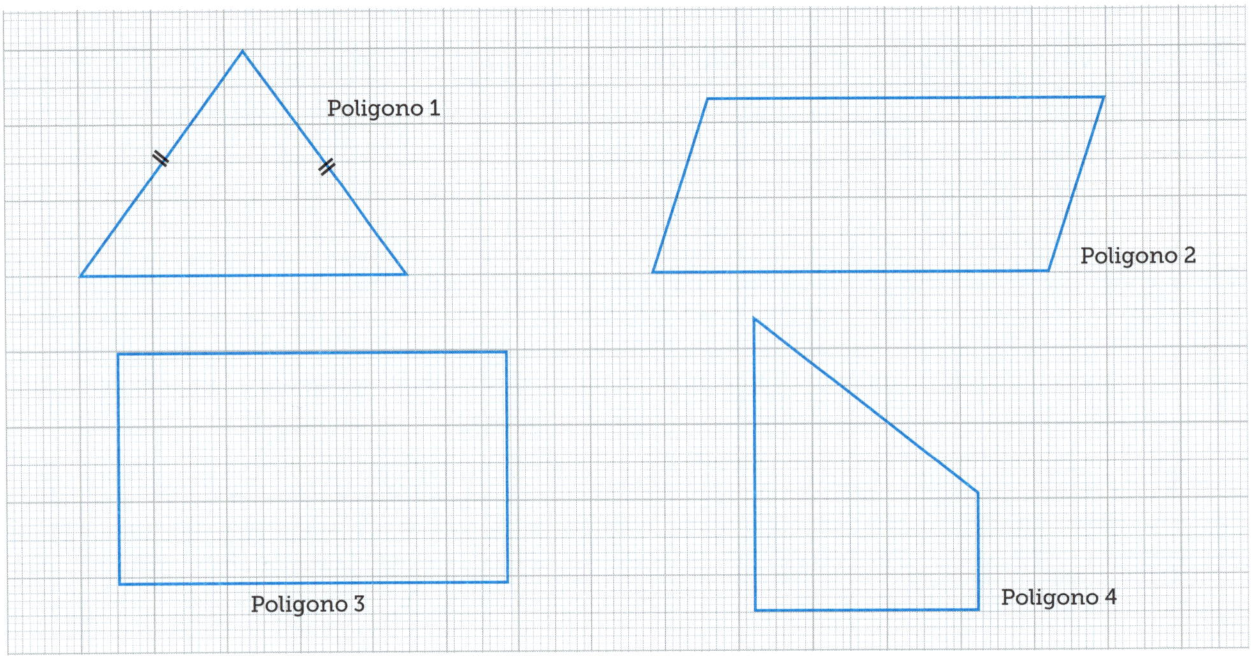

A) ❑ Poligono 1 – Poligono 3
B) ❑ Poligono 1 – Poligono 4
C) ❑ Poligono 2 – Poligono 3
D) ❑ Poligono 3 – Poligono 4

9. Un rettangolo ha una base doppia dell'altezza. Diminuendo del 10% la base e aumentando del 20% l'altezza cosa accade alla misura del perimetro e a quella della superficie?

A) ❑ Aumenta solo la misura del perimetro
B) ❑ Aumentano le misure di area e perimetro
C) ❑ Non ci sono variazioni
D) ❑ Aumenta l'area, il perimetro rimane invariato

10. Il record personale di Carlo nel salto in lungo è di 756,75 cm. Nell'ultima gara di stamane è riuscito a migliorarlo di 42,5 mm. Qual è ora la nuova misura da superare?

A) ❑ 7,62 m
B) ❑ 7,61 m
C) ❑ 765 cm
D) ❑ 761 m

11. Piero ha riportato su carta il percorso per arrivare a scuola. Il suo obiettivo è quello di calcolare la distanza che c'è tra la sua casa e l'edificio scolastico in linea retta. I dati che ha raccolto potrebbero aiutarlo a dare una risposta?

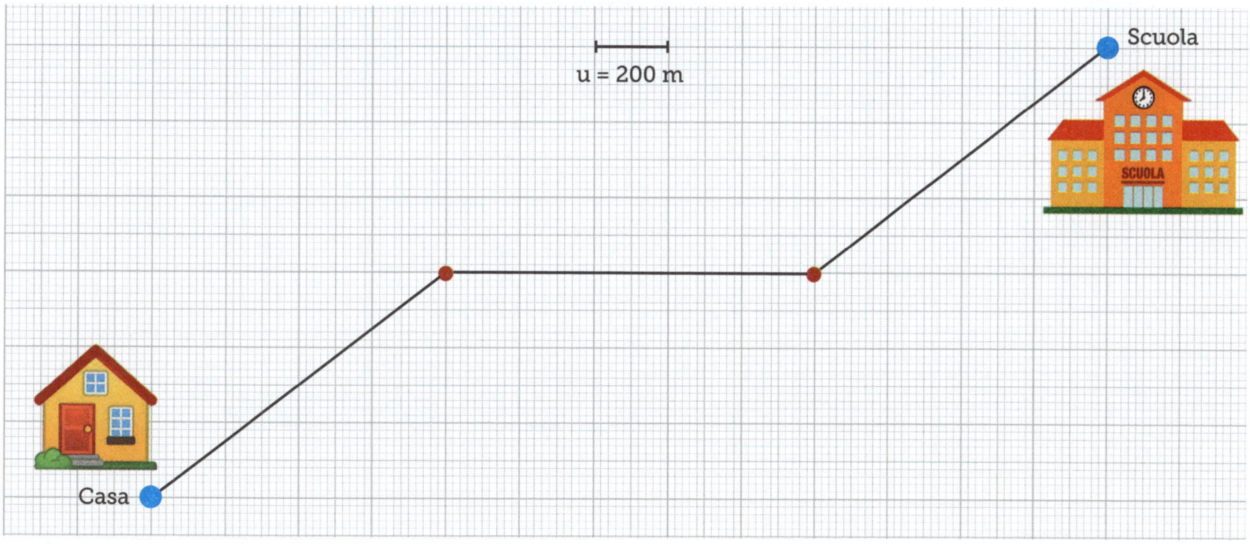

❑ NO ❑ SI

A) ❑ La distanza tra casa e scuola è meno di 1 km

B) ❑ La distanza tra casa e scuola è più di 4 km

C) ❑ La distanza tra casa e scuola è tra 1 km e 1,5 km

D) ❑ La distanza tra casa e scuola è circa 3 km

12. L'angolo $\hat{\alpha}$ ha ampiezza 30° 15′. Stabilisci qual è l'ampiezza di $\hat{\beta}$.

Risposta ....

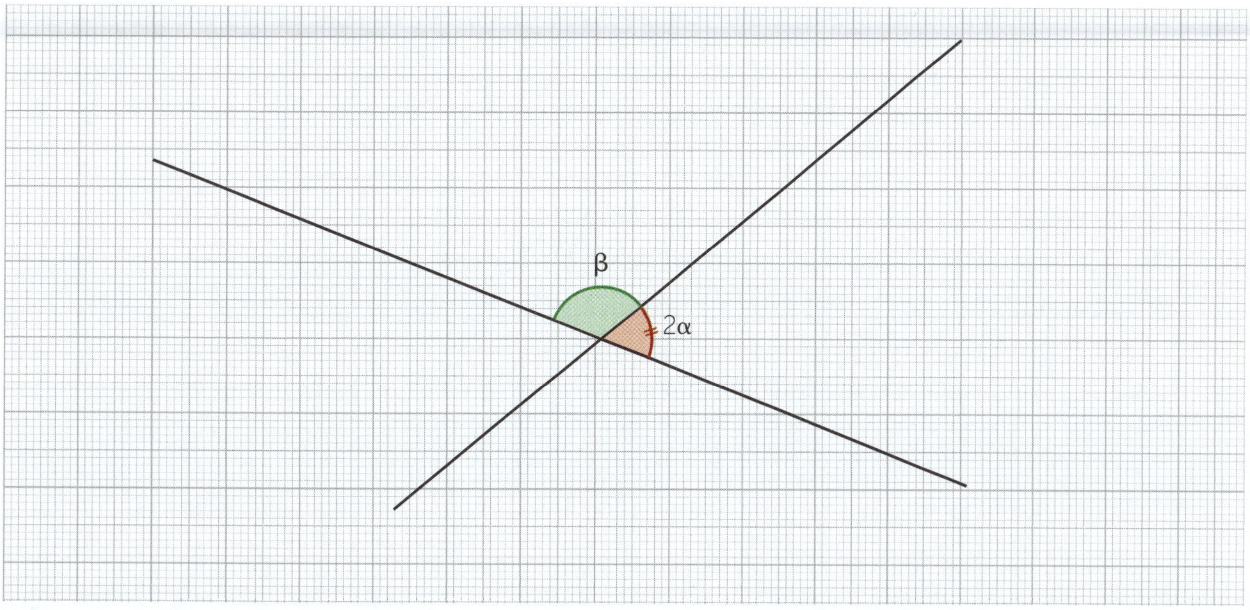

13. In figura AH e BK rappresentano due bisettrici. Il triangolo ABC può essere classificato come:

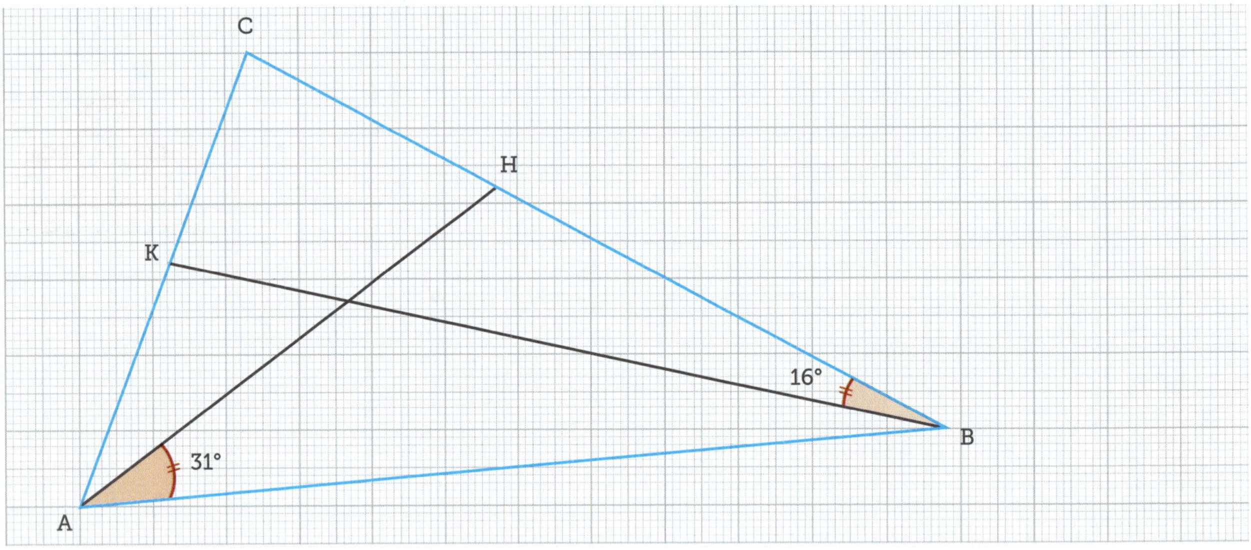

A) ❑ Triangolo equilatero
B) ❑ Triangolo acutangolo
C) ❑ Triangolo rettangolo
D) ❑ Triangolo isoscele

14. Un rettangolo ha base b e altezza b + 1/2 b. Quale figura corrisponde a questa indicazione?

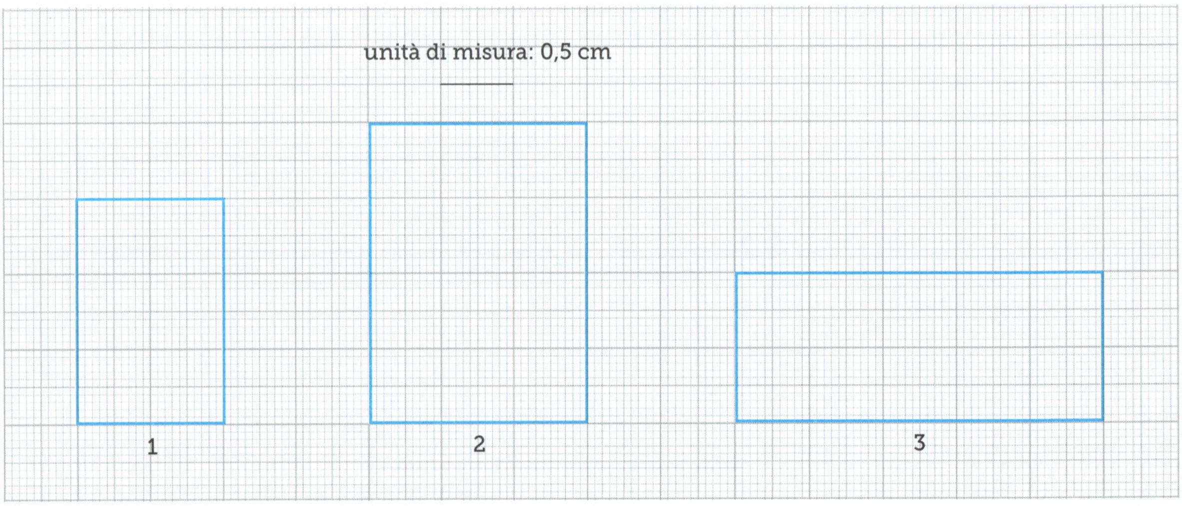

A) ❑ Figura 1
B) ❑ Figura 2
C) ❑ Figure 3
D) ❑ Nessuna di quelle proposte

15. L'osservazione della figura ci permette di stabilire che:

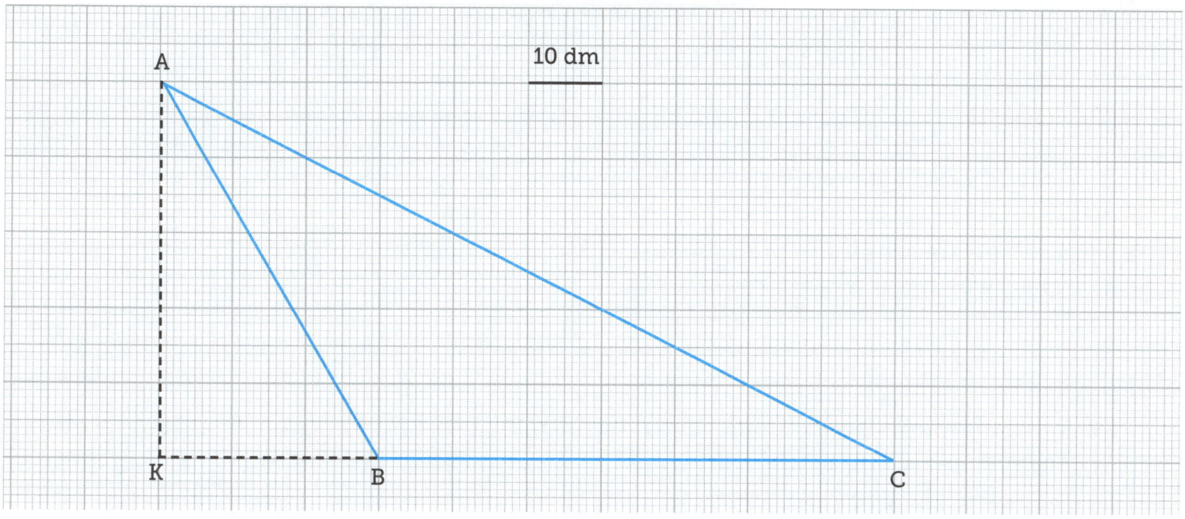

		Vero	Falso
A)	Il triangolo ABC ha come altezza il segmento AK	❑	❑
B)	Non conoscendo la lunghezza di AB non è possibile ricavare l'area di ABC	❑	❑
C)	L'area del triangolo AKB è $\frac{3}{10}$ dell'area del triangolo AKC	❑	❑
D)	I dati presentati non ci permettono di ricavare notizie utili per poter studiare i vari triangoli presenti	❑	❑

AMBITO: RELAZIONI E FUNZIONI

Prerequisiti

Conoscere e saper operare con:
- Grandezze direttamente ed inversamente proporzionali
- Problemi del tre semplice
- Concetti di funzione e relazione

1. Della mia famiglia sono il più basso, con i miei 146 cm. Mio padre supera in altezza mia madre di 9 cm e mia sorella di 24 cm. Se mia madre è alta 175 cm, qual è la differenza di altezza tra me e mia sorella?

A) ❑ 11 cm
B) ❑ 10,5 cm
C) ❑ 12 cm
D) ❑ 14 cm

2. Il grafico si riferisce a grandezze inversamente proporzionali con costante di proporzionalità uguale a:

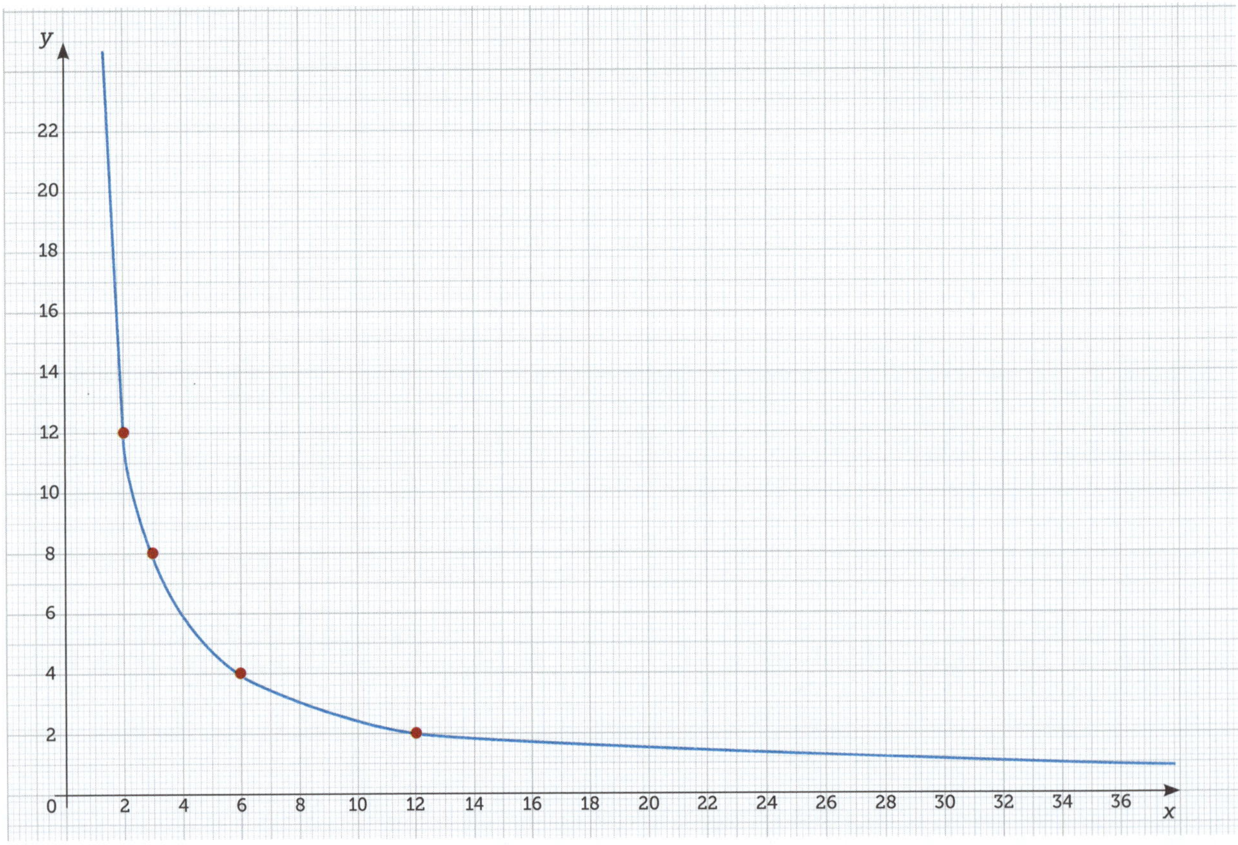

A) ❑ k = 12
B) ❑ k = 4
C) ❑ k = 24
D) ❑ k = 6

3. **In un ristorante, si propone un pranzo fisso a 28€ a persona con un servizio per ogni tavolo di 5€. Se indichiamo con p il numero di persone sedute al tavolo, qual è la relazione che rappresenta il conto C da pagare?**

A) ❑ C = (5 + 28) p

B) ❑ C = 28 p + 5 p

C) ❑ C = 5 + 28 p

D) ❑ C = 28 · p · 5

4. **L'obiettivo è terminare il lavoro in 15 giorni lavorando con una squadra di 5 operai sempre con lo stesso ritmo. Valuta le affermazioni che sono state fatte durante una riunione organizzativa per definire tutte le procedure da adottare.**

		Vero	Falso
A)	Aumentare la squadra di operai di una sola persona fa terminare il lavoro solo un giorno prima	❑	❑
B)	Per riuscire a dimezzare i tempi di lavoro bisognerebbe raddoppiare il numero di operai	❑	❑
C)	Numero di giorni e numero di operai sono grandezze inversamente proporzionali	❑	❑
D)	Non è possibile ipotizzare una squadra di soli 3 operai per il lavoro. Il tempo ipotizzato aumenterebbe di 10 giorni	❑	❑

5. **Qual è la coppia di numeri che completa la serie?**

1 – 4 – 3 – 12 – 5 – 20 – 7 – 28 – 9 – ... ? ...

A) ❑ 11 - 36

B) ❑ 32 - 11

C) ❑ 36 - 11

D) ❑ 37 - 12

6. **Individua la funzione collegata alla seguente tabella:**

x	$\frac{1}{2}$	1	$\frac{3}{2}$	2	4
y	2	4	6	8	16

A) ❑ $y = 2x$

B) ❑ $y = 4x$

C) ❑ $y = \frac{1}{2}x$

D) ❑ $y = \frac{1}{4}x$

7. **Due operai, lavorando allo stesso ritmo, terminano un lavoro in 12 giorni. Con l'impiego di un altro operaio, e con gli stessi ritmi di lavoro, in quanti giorni in meno il lavoro potrebbe essere completato?**

A) ❑ 8
B) ❑ 2
C) ❑ 4
D) ❑ 6

8. **Tra i poligoni in figura esiste una relazione che li lega. Scegli quella corretta.**

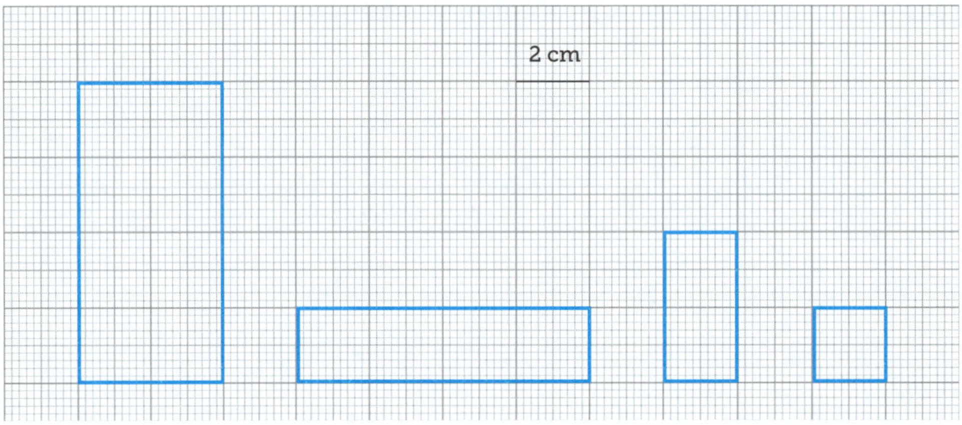

A) ❑ Il perimetro del poligono è la metà di quello del poligono che lo precede
B) ❑ L'area del poligono è la metà di quella del poligono che lo precede
C) ❑ L'altezza di un rettangolo è il doppio di quello che segue
D) ❑ Non esiste nessuna relazione tra i poligoni

9. **$a = 3b$ $\quad$ $b = \frac{1}{3}c$**

Le uguaglianze ci permettono di stabilire che:

		Vero	Falso
A)	$a = c$	❑	❑
B)	$b = \frac{1}{3}a$	❑	❑
C)	$a = \frac{1}{3}c$	❑	❑
D)	$c = 3b$	❑	❑

10. Se la sequenza si ripete con regolarità, quale sarà il simbolo che segue l'ultimo indicato?

◆ ▲ ■ ● ▲ ◆ ▲ ■ ● ......

A) ❑ ◆

B) ❑ ▲

C) ❑ ●

D) ❑ ■

11. Un'auto viaggia ad una velocità costante di 90 km/h, ma sull'intero tragitto potrebbe raggiungere i 120 km/h. Di quanto potrebbe diminuire il tempo di percorrenza utilizzando quest'ultima velocità?

A) ❑ di 45 minuti

B) ❑ di 15 minuti

C) ❑ di 10 minuti

D) ❑ di 20 minuti

12. Elisanna dispone sulla libreria i sei libri di scuola: italiano, storia, inglese, francese, matematica e scienze. I libri di scienze e storia sono alle due estremità; tra quello di italiano, che è vicino al volume di storia, e quello di francese c'è un solo libro, quello di matematica e scienze sono l'uno accanto all'altro.
Quale di queste situazioni non può verificarsi?

A) ❑ I volumi di italiano, inglese e francese sono vicini

B) ❑ Il libro di francese è tra quello di matematica e quello di inglese

C) ❑ I libri di francese e inglese sono vicini

D) ❑ Il libro di matematica si trova tra quello di italiano e quello di scienze

13. Achille ha perso in una sola serata alla roulette la metà di Beppi. Caterina, invece, ha perso la metà di Achille e il doppio di Duilio. In base a questi dati possiamo affermare che:

		Vero	Falso
A)	Caterina ha perso 1/4 di quanto perso da Beppi	❑	❑
B)	Achille ha perso più di tutti	❑	❑
C)	Beppi ha perso otto volte quello che ha perso Duilio	❑	❑
D)	Caterina e Duilio insieme hanno perso la stessa cifra di Achille	❑	❑

14. Il mio stipendio, oltre ad una quota fissa (s), può essere aumentato di 12,50€ in più per ogni ora (n) di lavoro straordinario. A fine mese posso calcolare quale sarà il mio compenso attraverso la relazione:

A) ❏ s + 12,50€

B) ❏ ns + 12,50€

C) ❏ s + (n) · 12,50€

D) ❏ ns + (n) · 12,50€

15. L'obiettivo è risparmiare il doppio di quanto sono riuscito a fare fino ad oggi. Per raggiungere il mio obiettivo può essermi utile lavorare il doppio e permettermi il doppio delle spese?

A) ❏ No, perché ....

B) ❏ Sì, perché ....

AMBITO: DATI E PREVISIONI

Prerequisiti

Conoscere e saper operare con:
- Grafici
- Media
- Misure di tempo

1. **Nel diagramma sono riportati i dati relativi alla vendita di cellulari. Controlla le affermazioni!**

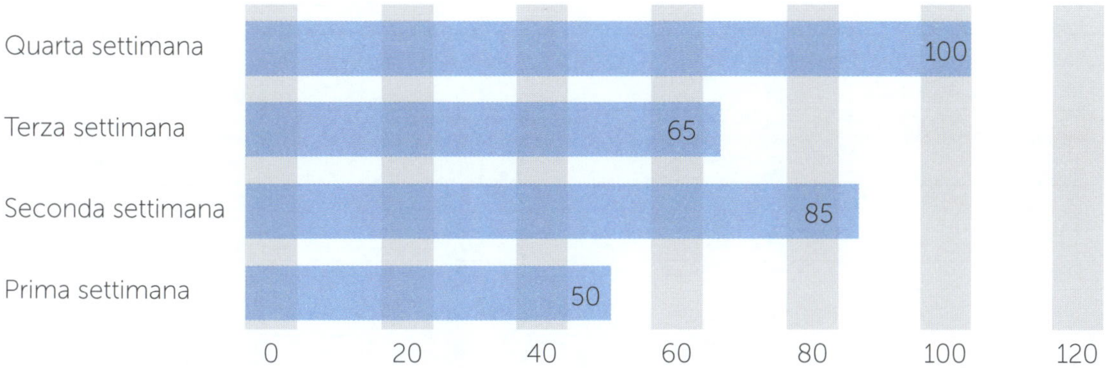

		Vero	Falso
A)	In un mese sono stati venduti più di 250 cellulari	❑	❑
B)	La media settimanale di vendita è di 80 cellulari	❑	❑
C)	L'acquisto di cellulari è andato aumentando nel mese	❑	❑
D)	Nell'ultima settimana le vendite si sono raddoppiate rispetto a quelle della prima	❑	❑

2. **Download in corso! Gaia sta scaricando sul pc un file di dimensioni 99,6 MB. La barra indica che al momento sono stati scaricati 72,7 MB e mancano 6 secondi per completare il download. Quale sarà il tempo complessivo impiegato?**

   A) ❑ meno di 30 secondi
   B) ❑ circa 2 minuti
   C) ❑ tra 2 minuti e 3 minuti
   D) ❑ oltre i 10 minuti

3. Per il progetto di scienze, la Prof ha consegnato ad ognuno dei 20 alunni della ID una bustina con dieci semi di pomodoro. Tutti hanno piantato i semi in piccoli vasi, ma solo i $\frac{3}{4}$ di essi sono germogliati. Dopo il travaso, soltanto metà di queste piantine ha prodotto frutti. Da quante piantine i ragazzi hanno raccolto qualche pomodoro?

A) ❑ 10
B) ❑ 150
C) ❑ 75
D) ❑ 200

4. Il grafico rappresenta gli elaborati d'esame consegnati dagli studenti delle classi terze, suddivisi per tipologia.

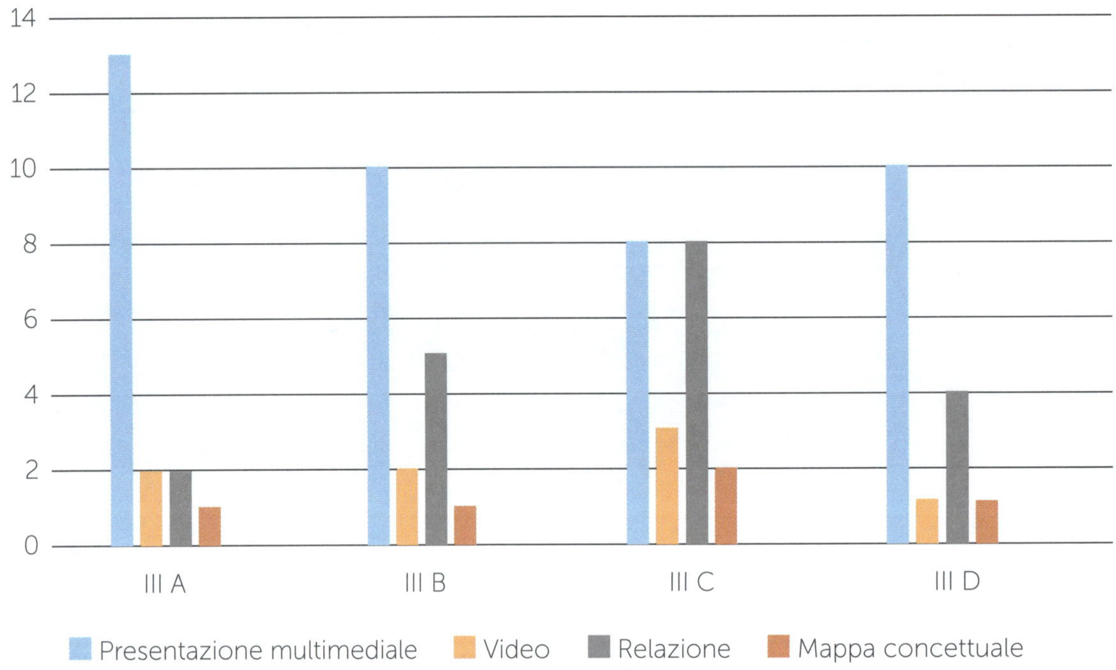

Indica quali delle seguenti proposizioni sono corrette:

		Vero	Falso
A)	Il numero degli alunni che hanno consegnato una presentazione multimediale è lo stesso in III B e in III D	❑	❑
B)	In III C hanno consegnato 20 alunni	❑	❑
C)	Gli alunni della classe III A sono 18	❑	❑
D)	In III C la maggior parte degli alunni ha preparato una relazione	❑	❑

5. **Adele ha in mente di terminare gli esercizi assegnati per la preparazione all'esame entro venti giorni, con una media di 15 esercizi al giorno. Come cambierà la media per il solo fatto che Adele inizia la sua preparazione con 5 giorni di ritardo?**

A) ❑ Adele dovrà aumentare il numero di esercizi a 18 al giorno
B) ❑ Adele dovrà aumentare il numero di esercizi a 20 al giorno
C) ❑ Adele dovrà aumentare il numero di esercizi a 22 al giorno
D) ❑ Adele dovrà aumentare il numero di esercizi a 24 al giorno

6. **Raccolta valori di temperatura in una scuola di montagna. Controlla le affermazioni fatte dagli alunni.**

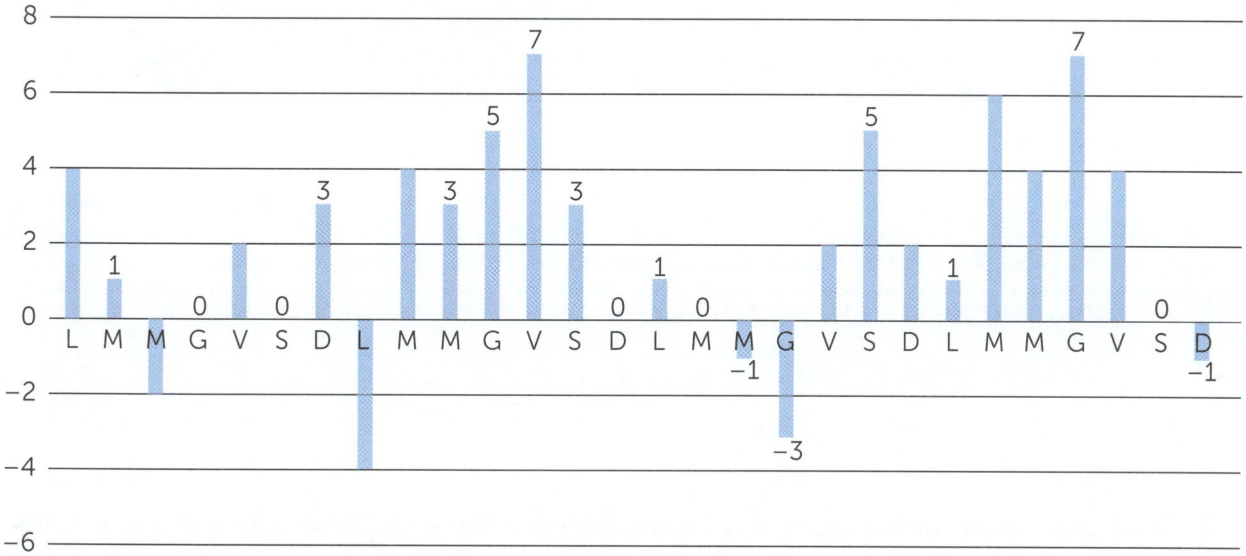

Temperature in °C

		Vero	Falso
A)	La temperatura più alta è stata registrata solo nella seconda settimana	❑	❑
B)	In un mese la temperatura è scesa cinque volte sotto lo zero	❑	❑
C)	C'è stato un periodo di otto giorni con temperature al di sopra dello zero	❑	❑
D)	L'escursione termica tra la temperatura più alta registrata e quella più bassa in due giorni consecutivi è stata di otto gradi	❑	❑

7. Indagine sulle bevande preferite da un campione formato da soli adolescenti. Controlla le affermazioni che sono derivate dalla discussione in classe!

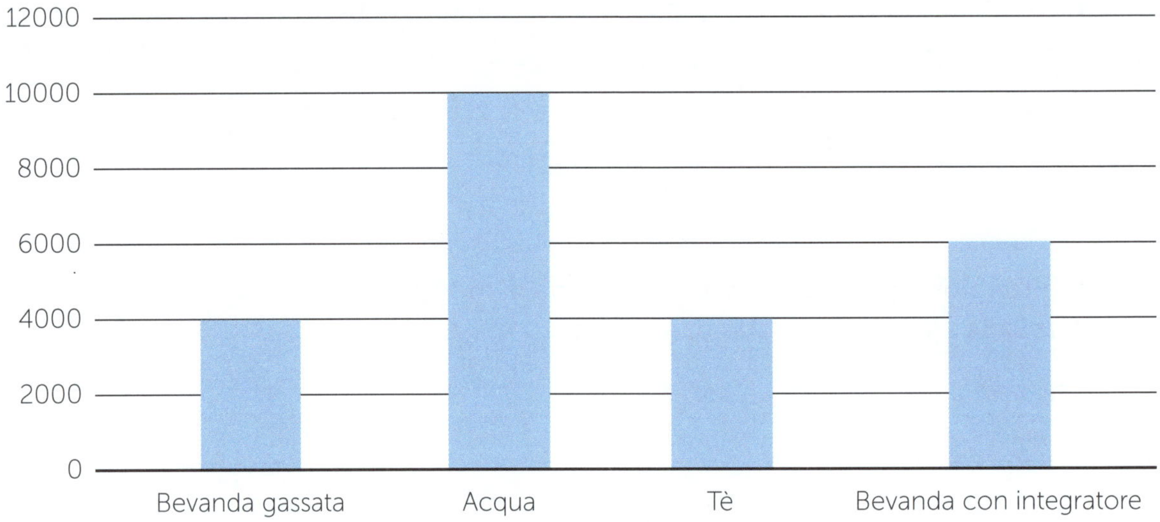

		Vero	Falso
A)	Il campione supera ventimila adolescenti intervistati	❑	❑
B)	Le bevande non naturali superano il consumo di acqua	❑	❑
C)	Il 15% degli intervistati utilizzano bevande con integratori	❑	❑
D)	La metà degli intervistati beve acqua	❑	❑

8. Tra Silvia e la sua amica Giorgia ci sono 4 anni di differenza. Silvia è più grande di Monica di 2 anni e quest'ultima ha 3 anni più di Alice. Quali affermazioni potrebbero risultare sbagliate?

		Vero	Falso
A)	Silvia è più grande di Giorgia	❑	❑
B)	Alice è sicuramente la più piccola	❑	❑
C)	Non possiamo sapere se Monica è più piccola di Giorgia	❑	❑
D)	Silvia è quella con la maggiore età	❑	❑

9. I dati in tabella hanno permesso di fare delle previsioni sulle età dei ragazzi. Controlla le affermazioni riportate da un gruppo di alunni sapendo che l'età media dei ragazzi è di 15 anni.

Adele	....
Bartolo	14
Camilla	16
Delia	....

		Vero	**Falso**
A)	Non è possibile conoscere esattamente le età dei 4 ragazzi senza altre indicazioni	❑	❑
B)	Delia è più grande di Adele	❑	❑
C)	La somma delle età di Adele e Delia è uguale a 30	❑	❑
D)	Camilla è sicuramente la più grande del gruppo	❑	❑

10. Il grafico sintetizza il numero di canestri effettuati dai giocatori di una squadra nelle ultime 4 partite. Controlla le affermazioni

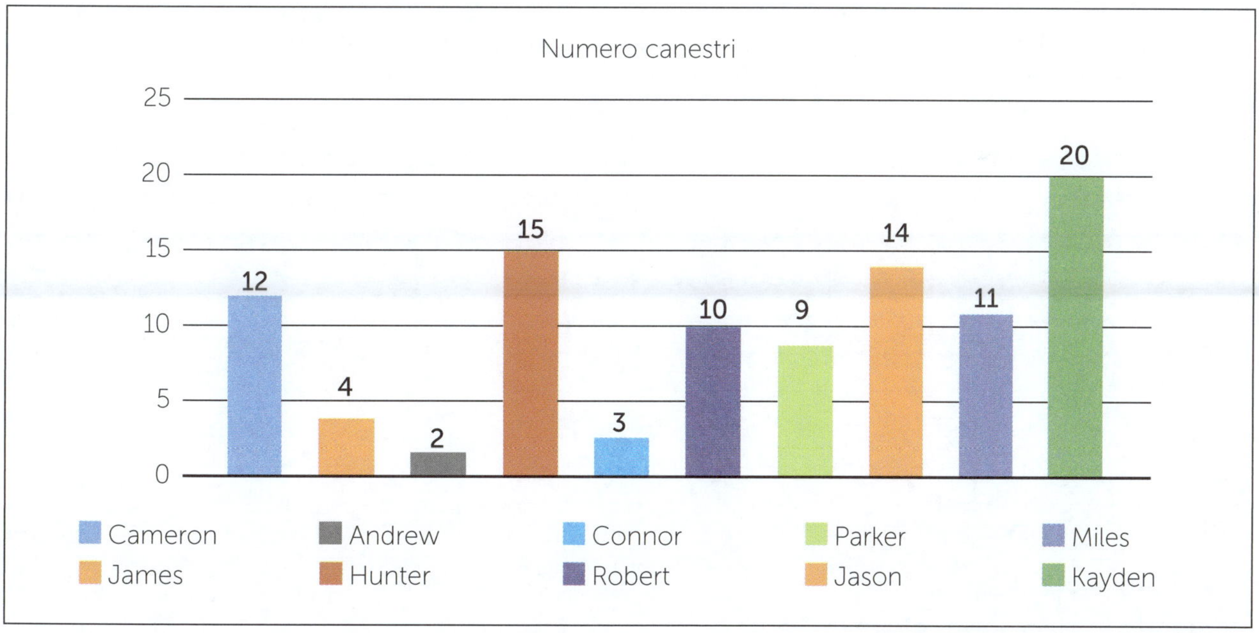

		Vero	**Falso**
A)	Kayden ha realizzato $\frac{1}{5}$ del totale dei canestri	❑	❑
B)	Connor ha realizzato solo il 5% dei canestri	❑	❑
C)	Hunter è stato il secondo miglior realizzatore	❑	❑
D)	Hunter e Kayden hanno realizzato più del 50% dei canestri	❑	❑

11. Il grafico mostra i risultati di un'intervista a 400 persone sul gusto della pizza che preferiscono. Quante sono le persone che hanno risposto: "marinara"?

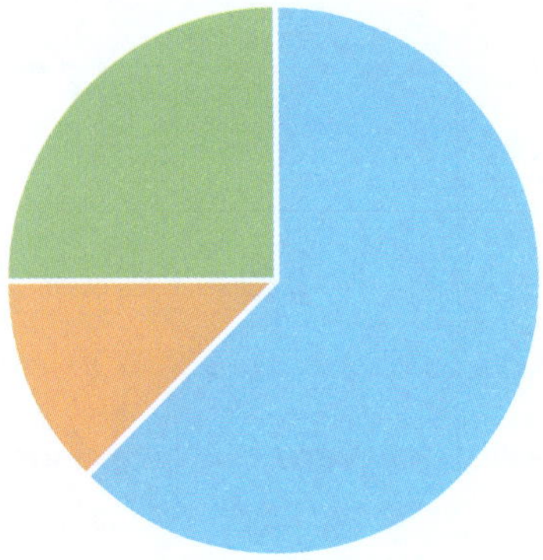

A) ❑ 50
B) ❑ 100
C) ❑ 150
D) ❑ 250

12. Viviana ha chiesto a tutti i compagni di classe quanti cellulari possiedono in famiglia e ha raccolto i dati in questa tabella:

4	4	3	2	2	3	1	2
1	3	2	3	5	4	4	5

Quanti cellulari ci sono in media in queste famiglie?

Risposta: ....

13. Dal seme alla pianta! Il grafico rappresenta l'altezza misurata in mm di una piantina durante la sua crescita in due settimane.

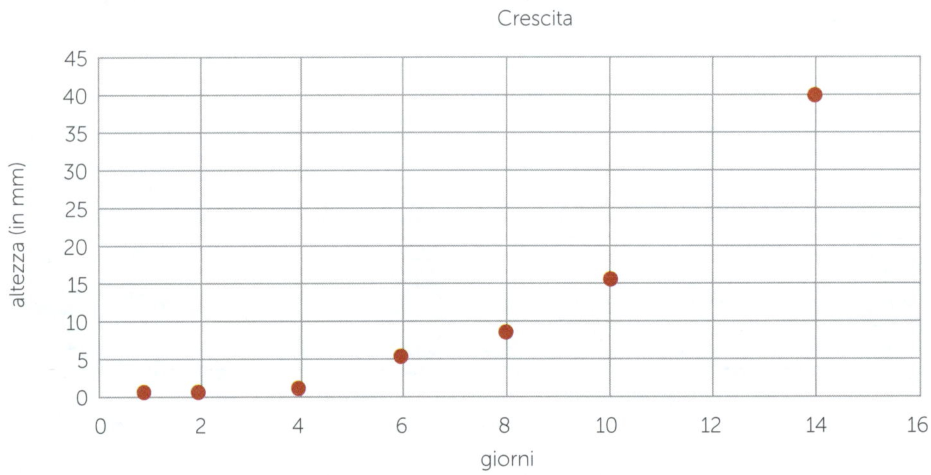

Quando inizia a germogliare la pianta?

A) ❑ dal quarto giorno
B) ❑ il secondo giorno
C) ❑ tra il sesto e il decimo giorno
D) ❑ il decimo giorno

Di quanti centimetri è cresciuta la piantina tra il decimo e il quattordicesimo giorno?

Risposta: ....

14. **Sabrina dice di aver avuto una media di 9 in pagella!**

Italiano	Storia	Geografia	Educaz. civica	Inglese	Francese	Matematica	Scienze	Musica	Arte	Tecnologia	Scienze Motorie
9	8	8	9	9	9	?	10	9	8	9	10

Qual è il suo voto in Matematica? ....

15. **La segreteria della Scuola ha fatto un ordine di 70 t-shirt per acquistare le divise estive degli alunni delle classi prime, così suddivise per taglia:**

Taglia	Numero t-shirt
XS	12
S	25
M	18
L	10
XL	5

Quale grafico rappresenta correttamente i dati?

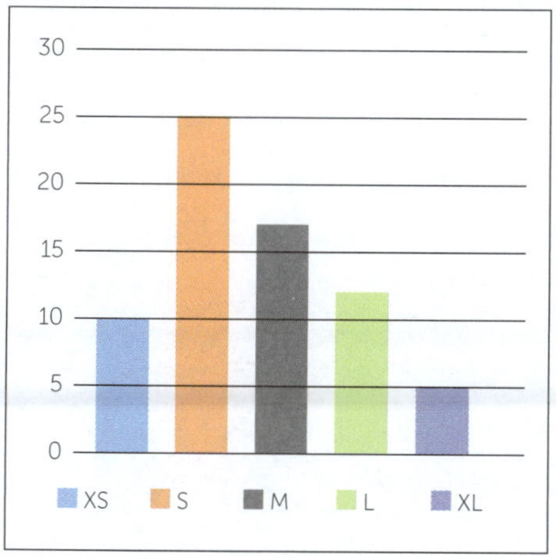

A) ❑ Grafico 1

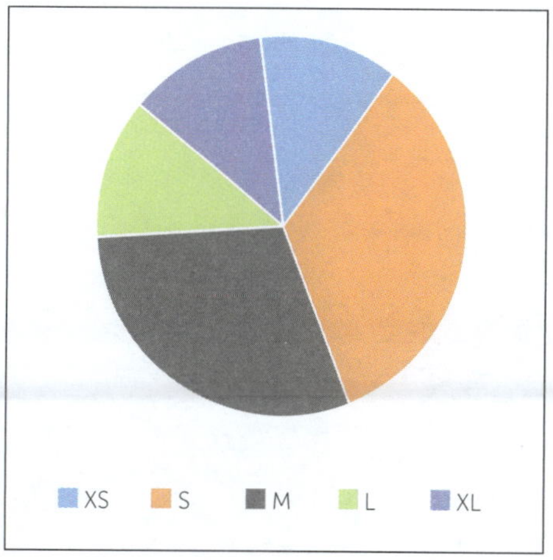

B) ❑ Grafico 2

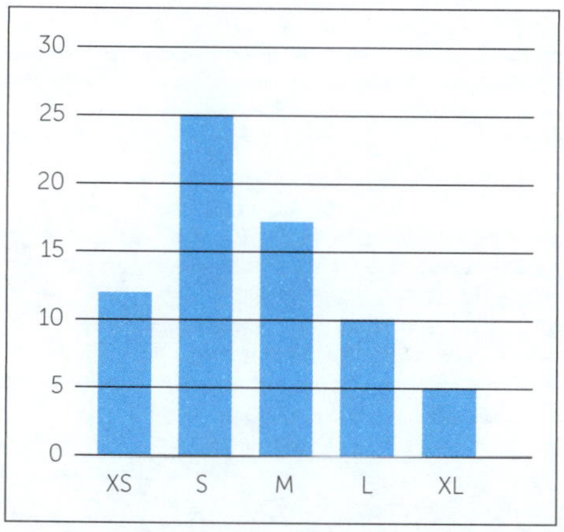

C) ❑ Grafico 3

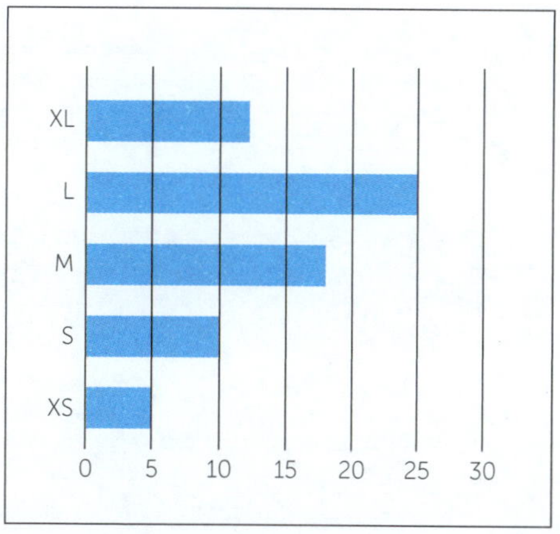

D) ❑ Grafico 4

Obiettivo **esame**

Esercitiamoci sui contenuti in modalità **INVALSI**

Man mano che affronterai un nuovo argomento sarà utile esercitarti così da fissare e consolidare le nuove conoscenze acquisite.
Ti proponiamo anche le sezioni Logica e Coding per "allenarti" al ragionamento logico e al pensiero computazionale.

PROVA 1

I NUMERI RELATIVI E IL CALCOLO LETTERALE

1. Valutando la retta dei numeri, quale valore si potrebbe inserire nel riquadro?

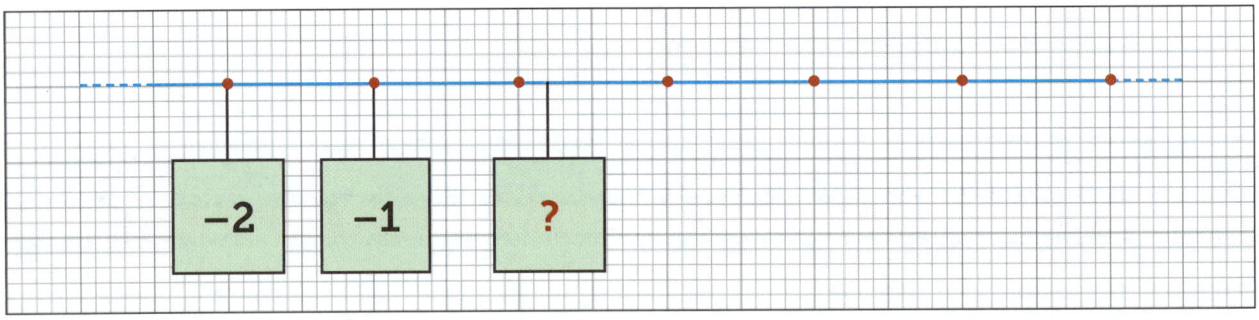

A) ❑ 0
B) ❑ + 1
C) ❑ 0,6
D) ❑ + 0,2

2. Su e giù per il centro commerciale! L'ascensore è fermo al parcheggio al livello – 2, sale di 3 piani, scende di 2, sale di nuovo di 3 piani e poi ancora di 1. A che piano ci troviamo?

A) ❑ al piano terra
B) ❑ al terzo piano
C) ❑ al primo piano
D) ❑ al piano – 1

3. Metti in ordine crescente i seguenti numeri relativi:

$$+5 \quad -2^{-2} \quad +3{,}5 \quad -1{,}5 \quad +1{,}4 \quad -1$$

Risposta ....

4. Al test vengono assegnati 3 punti per ogni risposta esatta, 0 punti per le risposte sbagliate e tolti 2 punti per ogni risposta non data. Piero ha totalizzato 44 punti sui 75 possibili. Quale combinazione di risposte porta a questo risultato?

	risposte esatte	risposte sbagliate	risposte non date
A) ❑	15	5	5
B) ❑	18	2	5
C) ❑	20	2	3
D) ❑	19	4	2

5. Da – 5 a + 10 con una sola operazione.

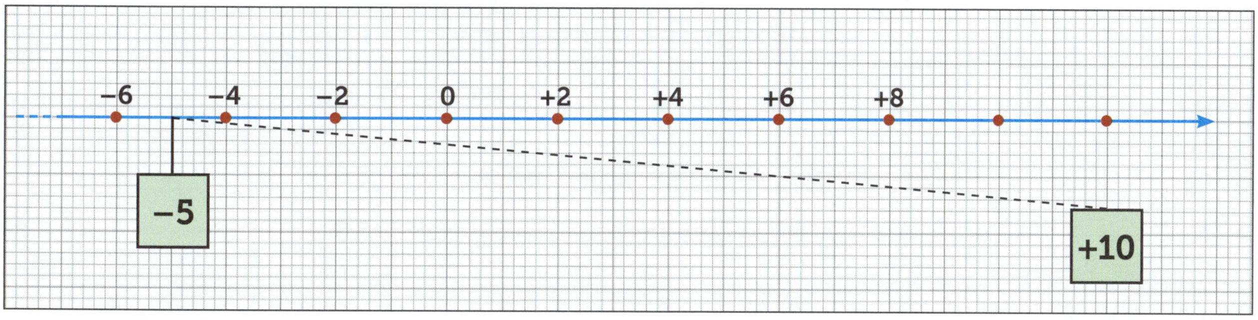

A) ❑ Addiziono – 5
B) ❑ Moltiplico per 2
C) ❑ Sottraggo 15
D) ❑ Moltiplico per – 2

6. La potenza 3^{-3} avrà come risultato:

A) ❑ 27
B) ❑ – 27
C) ❑ $\frac{1}{27}$
D) ❑ $-\frac{1}{27}$

RICORDA
Quando l'esponente di una potenza è negativo si capovolge la base e si rende positivo l'esponente!
Es: $n^{-2} = 1/n^2$

7. Per quale frazione dobbiamo dividere $+\frac{15}{4}$ per ottenere – 10?

A) ❑ $+\frac{8}{3}$
B) ❑ $-\frac{8}{3}$
C) ❑ $+\frac{3}{8}$
D) ❑ $-\frac{3}{8}$

8. La consegna sembra facile: "Calcolare il reciproco del prodotto". Qual è il risultato?

$$5^{-3} \cdot \left(\frac{1}{5}\right)^{-1}$$

A) ❑ 5
B) ❑ 4
C) ❑ 12
D) ❑ 25

9. Indica se ciascuna delle seguenti affermazioni relativa all'espressione è vera (V) o falsa (F)

$$-2^3 - 3^{-1} - 5^0 + 4^2 + k = 0$$

		Vero	Falso
A)	La somma dei valori è uguale a 0 se k è un valore positivo	❑	❑
B)	K appartiene a Z	❑	❑
C)	La somma dei valori è uguale a 0 se k è un valore negativo	❑	❑
D)	Nell'espressione esiste solo un termine positivo	❑	❑

10. Associa ad ogni operazione il proprio risultato:

a.	$-3^{-2} \cdot (-3)^3$
b.	$(3^{-2})^2 : (3^4)^{-2}$
c.	$(-3^4) : (-3)^4$
d.	$(-3^3)^2 : (+3^2)^3$

1	-1
2	1
3	-3
4	81

Risposta ....

11. Il prodotto tra tre numeri concordi sarà:

RICORDA
Due numeri relativi sono CONCORDI quando hanno lo stesso segno, altrimenti si dicono DISCORDI.

		Vero	Falso
A)	sempre positivo	❑	❑
B)	negativo se i tre valori sono negativi	❑	❑
C)	positivo soltanto se i tre valori sono positivi	❑	❑
D)	sempre negativo	❑	❑

12. Il grafico riporta le quote relative ai controlli del tempo dei corridori in una gara ciclistica.

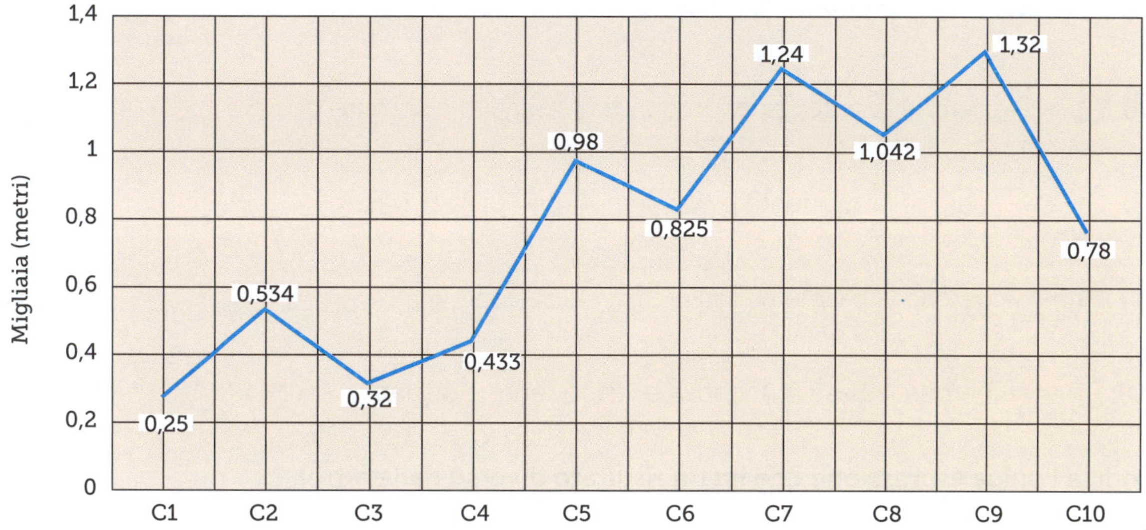

Indica se ciascuna delle seguenti affermazioni è vera (V) o falsa (F)

		Vero	Falso
A)	Il dislivello tra il primo controllo e l'ultimo è di 0,53 m	❑	❑
B)	Il grafico fornisce informazioni sulle distanze percorse dai corridori	❑	❑
C)	Nell'ultimo tratto di gara, prima dell'ultimo controllo, si sale di 278 m	❑	❑
D)	L'altezza massima raggiunta è di 1320 m	❑	❑

13. Dividendo un valore n appartenente a Z per il numero 2, quello che si ottiene è:

A) ❑ un numero sempre minore di n

B) ❑ un numero sempre maggiore di n

C) ❑ un numero maggiore di n se n è negativo

D) ❑ un numero minore di n se n è negativo

ATTENZIONE
Rifletti bene sui segni che può avere un numero appartenente all'insieme Z!

14. Il prodotto della somma tra – 13 e + 9 per la differenza tra + 3 e – 2 è:

A) ❑ + 20

B) ❑ – 4

C) ❑ – 20

D) ❑ + 4

IMPORTANTE
Fai attenzione ai segni!

15. La potenza $\left(-\frac{4}{3}\right)^3$ è uguale a:

A) ❑ $+\frac{64}{27}$ perché la potenza di un numero negativo è sempre positiva

B) ❑ $+\frac{12}{9}$ perché l'esponente è dispari e si moltiplica la base

C) ❑ $-\frac{12}{9}$ perché la base è negativa

D) ❑ $-\frac{64}{27}$ perché la base è negativa e l'esponente è dispari

16. Indica l'unica espressione che ha un risultato diverso dalle altre!

A) ❑ $\left(\frac{1}{3}\right)^2 \cdot (-3)$

B) ❑ $\left(-\frac{3}{5}\right) \cdot \left(\frac{15}{3}\right)$

C) ❑ $\left(\frac{2}{3}\right) : \left(-\frac{2}{9}\right)$

D) ❑ $\left(-\frac{7}{12}\right) + \left(-\frac{29}{12}\right)$

17. Quale tra i seguenti monomi ha grado 5?

A) ❑ $2x^5y^5$

B) ❑ $5x$

C) ❑ $3xy^5$

D) ❑ $2x^4y$

18. Quale espressione algebrica traduce la frase: "*Aggiungi 5 al doppio di x e sottrai al risultato la somma di x e y*"?

A) ❑ $2x + 5 - (x + y)$

B) ❑ $2x + 5 - x + y$

C) ❑ $2 (x + 5) - (x + y)$

D) ❑ $5 + 2x - x + y$

19. **Sapendo che il perimetro della figura è 60a + 30, quanto vale la misura del segmento AB?**

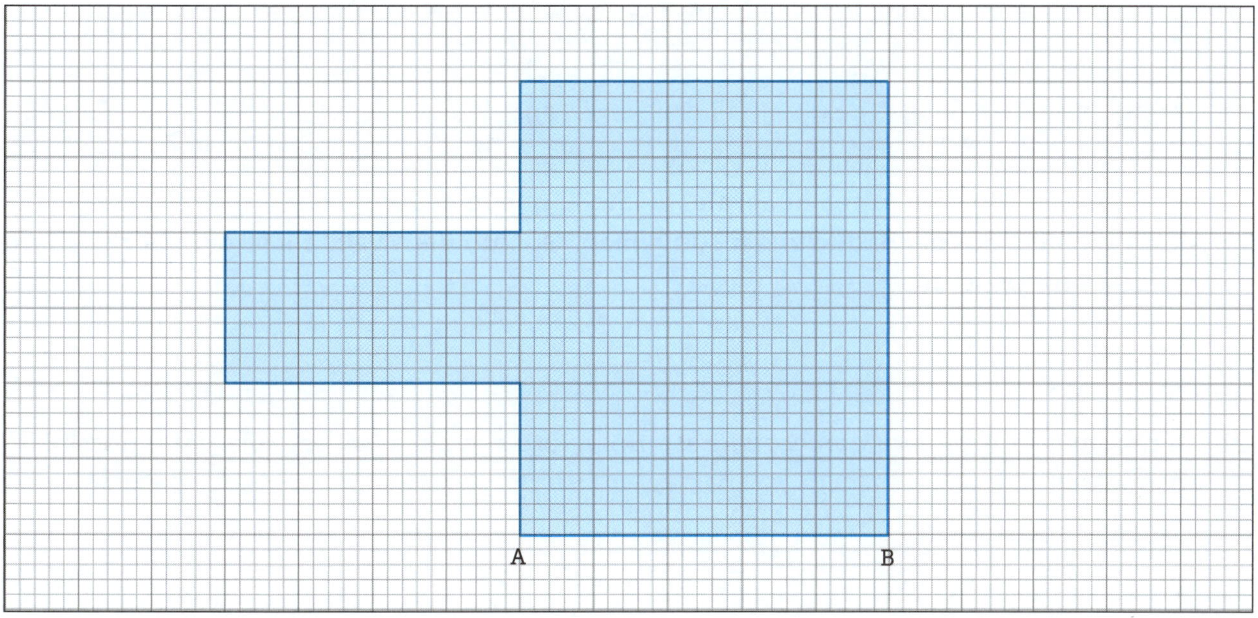

A) ❑ 10a + 10
B) ❑ a + 5
C) ❑ 10a + 5
D) ❑ 10 + 5a

20. **Tenendo conto delle misure del lato del quadrato esterno e della diagonale del quadrato interno, calcola il monomio che indica la parte di piano compresa tra le due figure.**

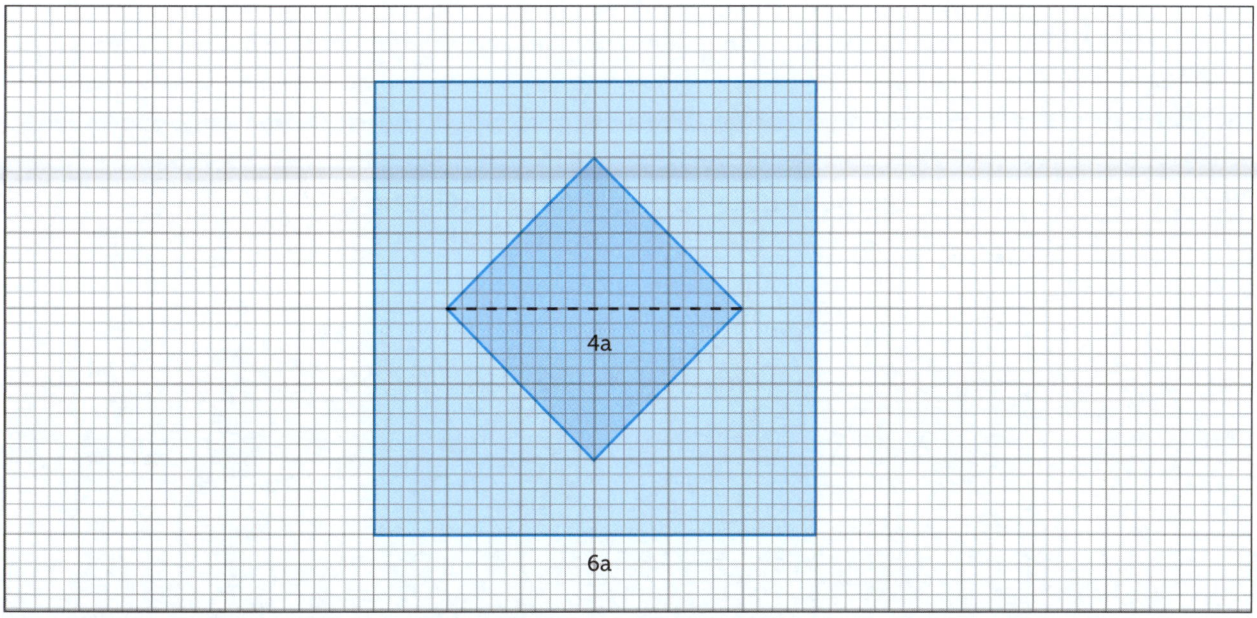

A) ❑ $24a^2$
B) ❑ $28a^2$
C) ❑ $20a^2$
D) ❑ $18a^2$

21. Solo un esponente rende il monomio di settimo grado:

$$12a^k b^2 c^5$$

A) ❑ 1
B) ❑ 2
C) ❑ 0
D) ❑ 3

22. Il terreno di Tonio ha forma quadrata, di lato a; quello di Beppe ha forma rettangolare di lati a e b ed è doppio di quello del suo amico. Quanto deve valere il lato b per rispettare queste proporzioni?

Risposta ....

23. Il binomio (a – b) avrà come quadrato un valore uguale a 36 per una delle possibilità proposte:

A) ❑ $a = 4$ $b = 2$
B) ❑ $a = 3$ $b = 3$
C) ❑ $a = 2$ $b = -4$
D) ❑ $a = -2$ $b = -4$

24. L'area di un quadrato è il doppio di quella di un rettangolo di lati x + 1 e x – 1. La misura del suo lato sarà uguale a:

A) ❑ $\sqrt{(x + 1) \cdot (x - 1)}$
B) ❑ $\sqrt{(2x^2 - 1)}$
C) ❑ $\sqrt{(x^2 - 2)}$
D) ❑ $\sqrt{(2x^2 - 2)}$

25. Quale espressione ci permette di calcolare l'area del poligono BCKH?

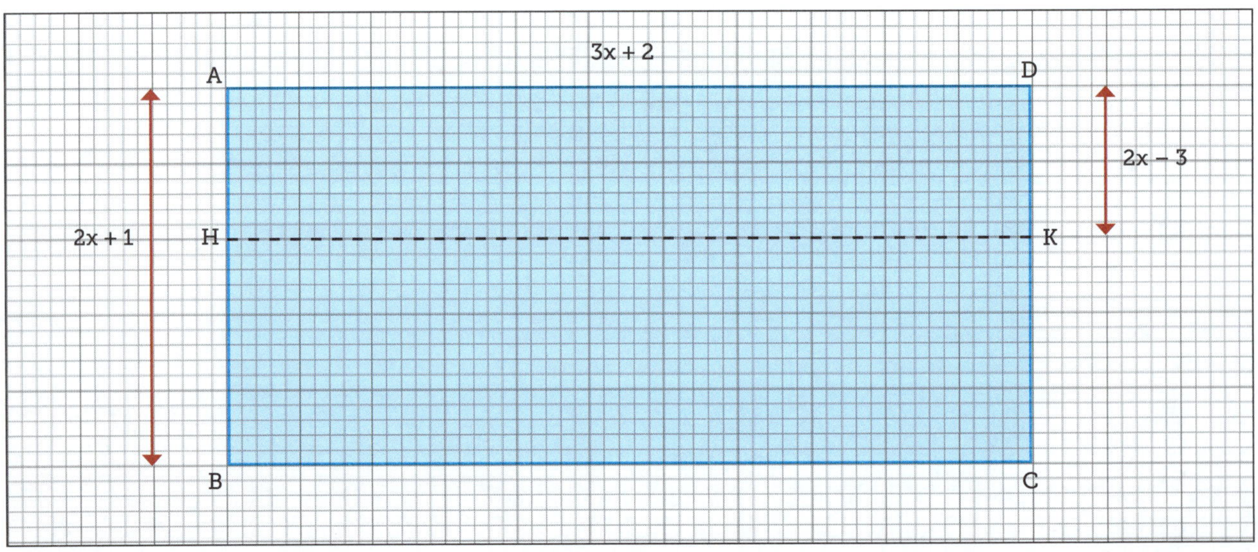

A) ❑ $(3x + 2)\,[(2x+1) - 2x - 3]$
B) ❑ $(3x + 2) + [(2x+1)\,(2x - 3)]$
C) ❑ $(3x + 2)\,[(2x+1) + (2x - 3)]$
D) ❑ $(3x + 2)\,[(2x+1) - (2x - 3)]$

ATTENZIONE
Osserva bene la figura e le misure assegnate!

26. "Del binomio x + 2 rappresentane la metà"! Quale scrittura risulta errata?

A) ❑ $\frac{x}{2} + 1$

B) ❑ $\frac{1}{2}(x + 2)$

C) ❑ $\frac{x + 2}{2}$

D) ❑ $\frac{x}{2} + 2$

27. Il polinomio $3a^2b^3 + 5ab^3 - 5a^nb^2$ ha grado 5. Con $n \in N$, quale affermazione risulta sicuramente vera?

A) ❑ n è inferiore a 3
B) ❑ due termini del polinomio potrebbero avere lo stesso grado
C) ❑ il polinomio è omogeneo
D) ❑ Il polinomio è ordinato

28. La differenza tra i polinomi: $x^2 - 3x + 2$ e $x^2 - 4x + 1$

		Vero	Falso
A)	È un polinomio di primo grado	❑	❑
B)	Ha come risultato + 1	❑	❑
C)	È uguale al binomio x + 1	❑	❑
D)	È un polinomio di quarto grado	❑	❑

29. Il monomio $6x^4$ viene raddoppiato, elevato alla seconda e poi dimezzato. Il risultato dopo le operazioni sarà uguale a:

A) ❑ $72x^{16}$
B) ❑ $72x^4$
C) ❑ $72x^8$
D) ❑ $72x^{32}$

30. In figura sono riportate alcune misure relative ad un trapezio. Quali saranno le misure del perimetro e dell'area del poligono?

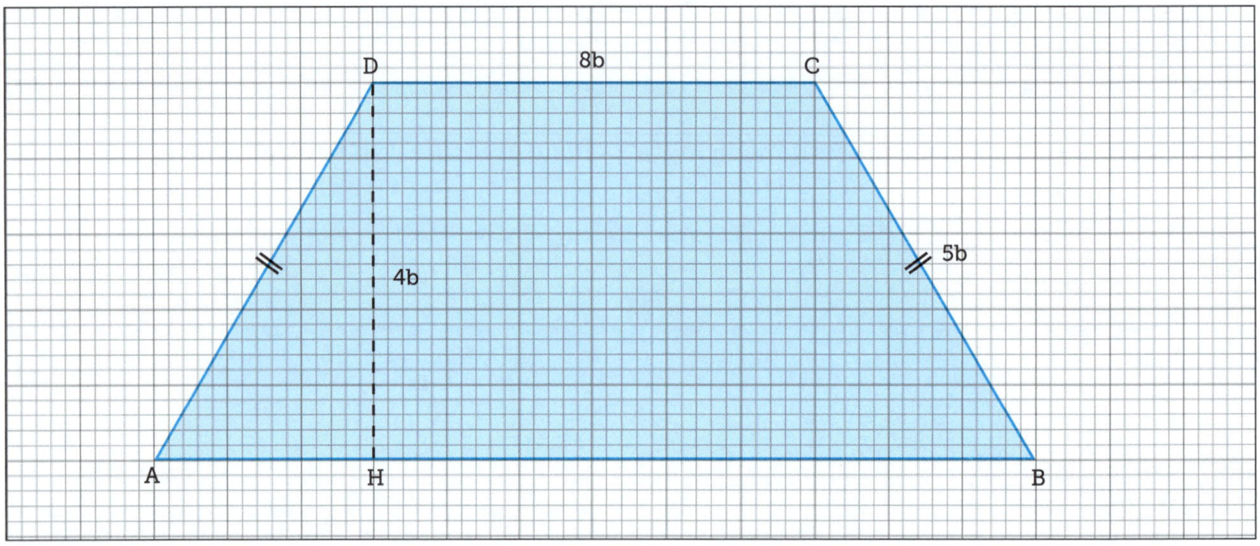

A) ❑ $2p = 32b$ $A = 44b^2$

B) ❑ $2p = 16b$ $A = 24b^2$

C) ❑ $2p = 56b$ $A = 64b^2$

D) ❑ $2p = 24b$ $A = 44b^2$

PROVA 2

TEOREMI DI EUCLIDE – CIRCONFERENZA E CERCHIO

1. Ho a disposizione le proiezioni dei cateti. Come posso calcolare con un solo passaggio l'altezza relativa all'ipotenusa?

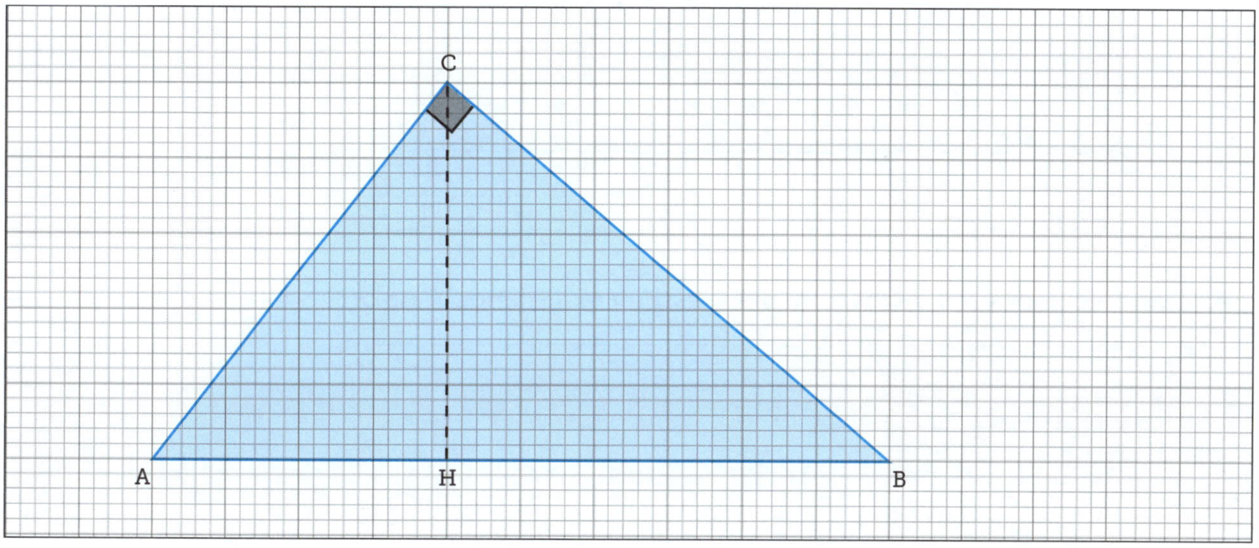

A) ❑ Primo Teorema di Euclide
B) ❑ Formula di Erone
C) ❑ Secondo Teorema di Euclide
D) ❑ Teorema di Pitagora

RICORDA
Quali sono i Teoremi che si applicano ad un triangolo rettangolo?

2. I Teoremi di Euclide si applicano:

		Vero	Falso
A)	a tutti i triangoli	❑	❑
B)	solo ai triangoli rettangoli con angoli acuti di 30° e 60°	❑	❑
C)	a tutti i triangoli rettangoli	❑	❑
D)	sfruttando rapporti di proporzionalità tra segmenti	❑	❑

3. **Con $\overline{AH}$ = 3 cm e $\overline{HB}$ = 7 cm, AC avrà una lunghezza di:**

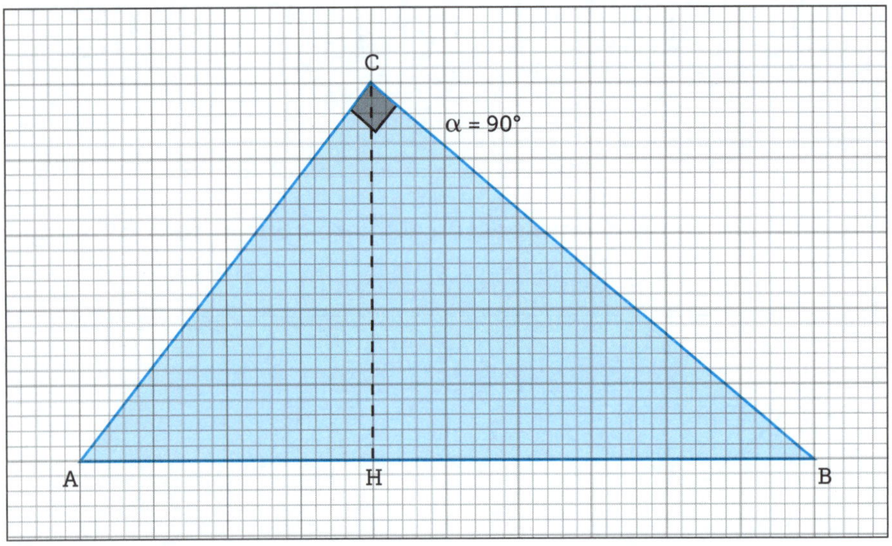

A) ❑ 30 cm
B) ❑ 10 cm
C) ❑ $\sqrt{30}$ cm
D) ❑ $3\sqrt{10}$ cm

4. **L'angolo $\hat{\beta}$ fornisce indicazioni per classificare il triangolo ABO.**

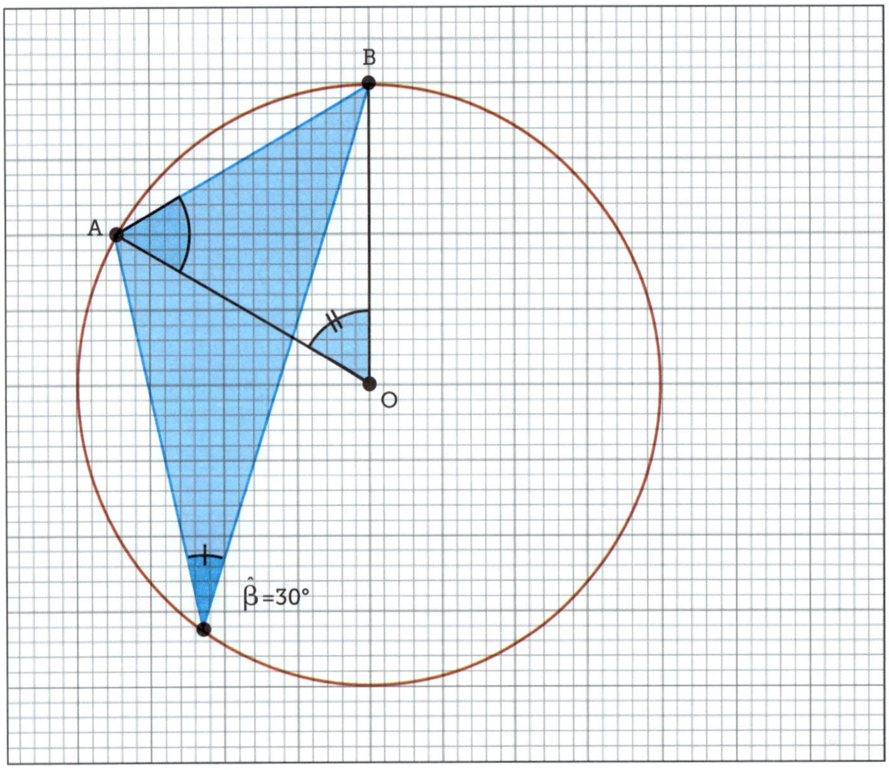

IMPORTANTE
Ricorda le proprietà che legano angoli al centro e angoli alla circonferenza che insistono sullo stesso arco!

L'angolo al centro AÔB ha ampiezza:

A) ❑ 60°
B) ❑ 45°
C) ❑ 30°
D) ❑ 120°

Il triangolo ABO è:

A) ❑ Isoscele
B) ❑ Equilatero
C) ❑ Scaleno
D) ❑ Rettangolo

5. Consideriamo tutti i triangoli rettangoli inscritti in una circonferenza. Possiamo dire che:

A) ❑ hanno tutti gli angoli uguali

B) ❑ hanno tutti lo stesso perimetro

C) ❑ hanno tutti la stessa area

D) ❑ la misura dell'ipotenusa è la stessa per tutti

RICORDA
Un triangolo rettangolo inscritto in una circonferenza forma un angolo alla circonferenza di 90°.

6. Sia *r* il raggio di una circonferenza. Se la misura di *r* viene aumentata di 1 cm, come cambia la lunghezza della circonferenza?

A) ❑ aumenta di 1 cm

B) ❑ aumenta di π

C) ❑ aumenta di 2π

D) ❑ diventa il doppio

CONSIGLIO
Potresti partire calcolando la circonferenza ponendo il raggio uguale a *r* per poi trasformarlo in $r + 1$.

7. Conosciamo la superficie dei due quadrati. Quale Teorema di Euclide può aiutarci a ricavare la misura di AC?

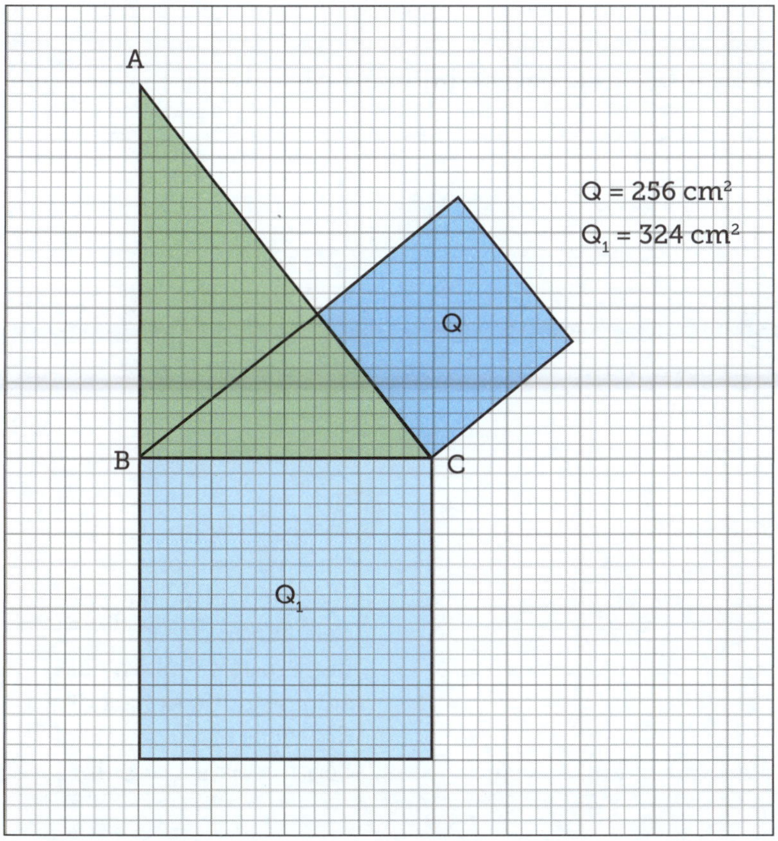

CONSIGLIO
Osserva bene il triangolo rettangolo ABC e rifletti su cosa rappresentano i quadrati assegnati...

Risposta ....

Qual è la misura dell'ipotenusa AC del triangolo rettangolo?

A) ❑ 20,25 cm

B) ❑ 21 cm

C) ❑ 22,50 cm

D) ❑ 32,21 cm

8. Si consideri una circonferenza di diametro AB e siano C e D altri due punti, diversi da A e da B, C sulla circonferenza e D esterno ad essa.
Stabilisci quali delle seguenti affermazioni è vera:

		Vero	Falso
A)	L'angolo $A\hat{C}B$ è sempre retto	❑	❑
B)	L'angolo $A\hat{D}B$ è sempre retto	❑	❑
C)	L'angolo $A\hat{C}B$ è sempre minore dell'angolo $A\hat{D}B$	❑	❑
D)	L'angolo $A\hat{C}B$ è sempre maggiore dell'angolo $A\hat{D}B$	❑	❑

9. La lancetta dei minuti di un orologio è lunga 4,5 cm. Quanto misura l'arco che percorre in 20 minuti?

A) ❑ π cm
B) ❑ 3π cm
C) ❑ 6π cm
D) ❑ 9π cm

OSSERVA
Che relazione c'è tra l'arco temporale di 20 minuti e il giro completo della lancetta?

10. Un settore circolare ha area $64{,}8\,\pi\ cm^2$. A quali dati fa riferimento?

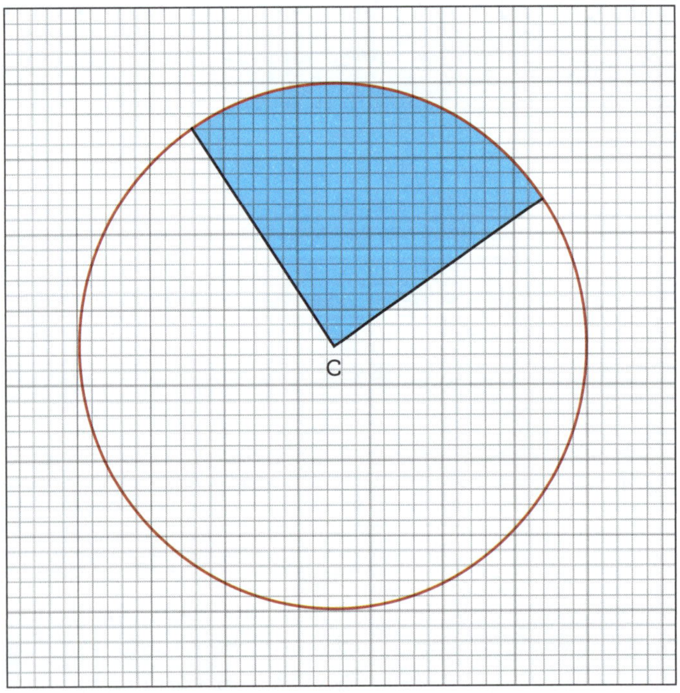

A) ❑ Raggio: 30 cm - Angolo al centro: 60°
B) ❑ Raggio: 18 cm - Angolo al centro: 72°
C) ❑ Raggio: 15 cm - Angolo al centro: 40°
D) ❑ Raggio: 10 cm - Angolo al centro: 88°

RICORDA
L'area del settore circolare si ottiene dal semiprodotto della lunghezza dell'arco per il raggio oppure dal semiprodotto del quadrato del raggio per l'angolo al centro corrispondente.

11. Il pi greco (π) è un numero irrazionale che rappresenta:

A) ❑ Il rapporto tra la circonferenza e il raggio
B) ❑ Il rapporto tra la circonferenza e il suo diametro
C) ❑ Il rapporto tra il diametro e la circonferenza
D) ❑ Il prodotto tra la misura del raggio e quella della circonferenza

12. Osserva le due figure e indica quali delle seguenti affermazioni sono vere:

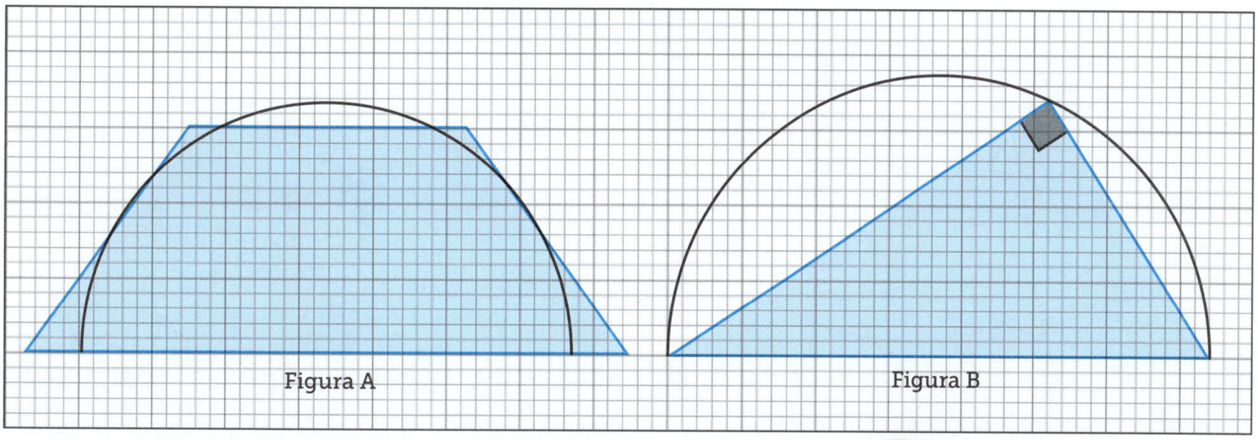

RICORDA
Un poligono si dice inscritto in una circonferenza quando tutti i suoi vertici appartengono alla circonferenza.

		Vero	Falso
A)	Figura A: il trapezio non è circoscritto alla semicirconferenza	❑	❑
B)	Figura B: il triangolo è circoscritto alla semicirconferenza	❑	❑
C)	Figura A: il trapezio è inscritto nella semicirconferenza	❑	❑
D)	Figura B: il triangolo è inscritto nella semicirconferenza	❑	❑

13. La corda AB di una circonferenza misura 48 cm e la sua distanza dal centro è 18 cm. Qual è la misura del diametro della circonferenza?

A) ❑ 60 cm
B) ❑ 4,8 dm
C) ❑ 2,4 dm
D) ❑ 60 dm

RICORDA
Unendo gli estremi di una corda con il centro della circonferenza si ottiene un triangolo isoscele e la distanza della corda dal centro rappresenta la mediana del triangolo, che è anche bisettrice e altezza...
È possibile applicare il Teorema di Pitagora ad uno dei triangoli rettangoli ricavati?

14. La ricerca dell'angolo β deve basarsi sull'unico dato a disposizione. Qual è la sua ampiezza?

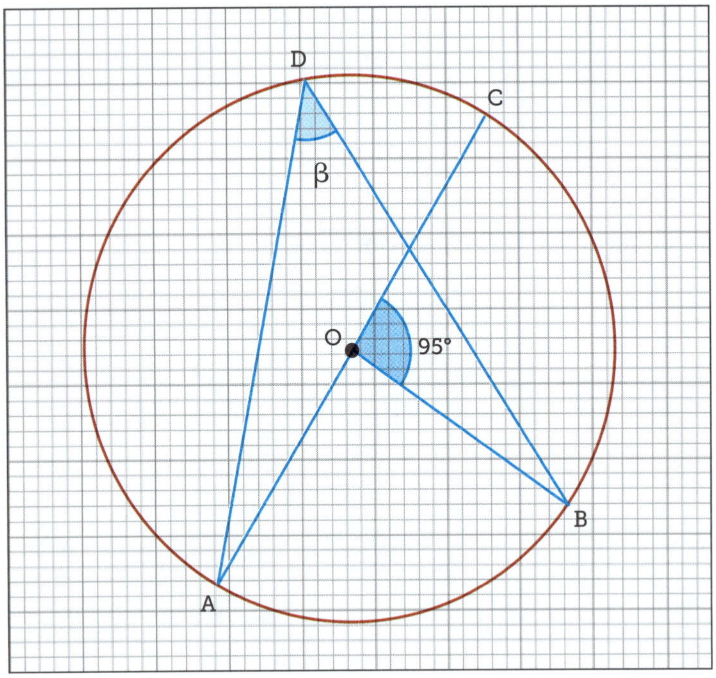

OSSERVA
L'angolo $A\hat{O}B$ insiste sull'arco $\widehat{AB}$ e anche l'angolo alla circonferenza $A\hat{D}B$ insiste sull'arco $\widehat{AB}$.

A) ❑ 85°
B) ❑ 45°
C) ❑ 42° 30′
D) ❑ 47° 30′

15. Si può ricavare l'altezza CH applicando una relazione di proporzionalità legata al Teorema di Euclide?

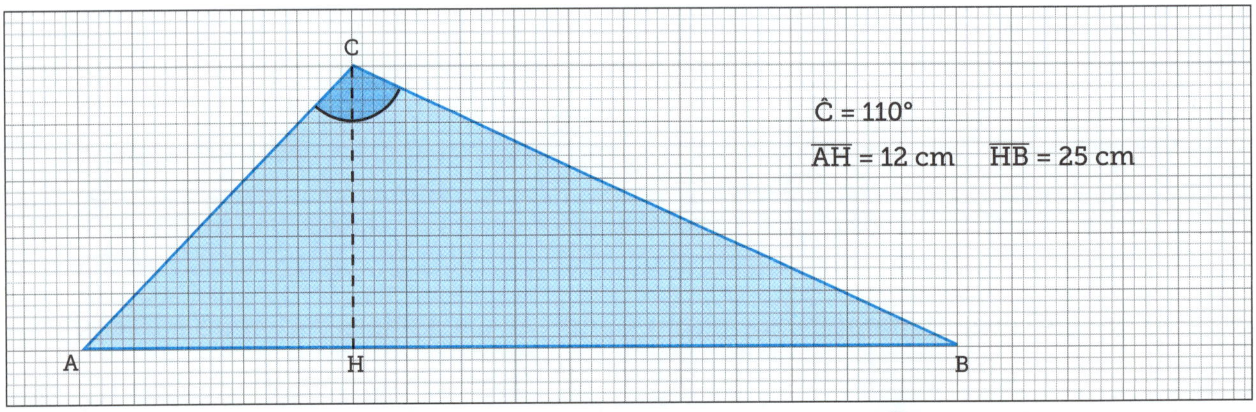

❑ **Sì** ❑ Applico il primo Teorema di Euclide.
La proporzione sarà: $\overline{AH} : \overline{AC} = \overline{AC} : \overline{AB}$
❑ Applico il secondo Teorema di Euclide.
La proporzione sarà: $\overline{AH} : \overline{CH} = \overline{CH} : \overline{HB}$

❑ **No** ❑ perché ....

IMPORTANTE
Osserva bene i dati assegnati e... fai attenzione!

16. I Teoremi di Euclide ci permettono di calcolare l'area del Triangolo isoscele. In base ai dati possiamo stabilire che la superficie è di:

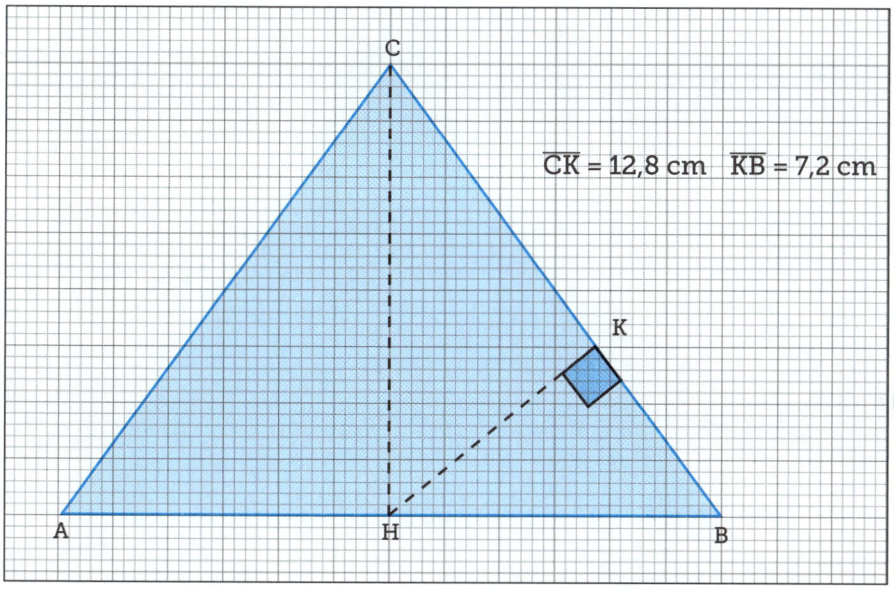

CONSIGLIO
Considera il triangolo BCH: è un triangolo rettangolo e il segmento $\overline{HK}$ è l'altezza relativa all'ipotenusa.

- **A)** ❑ 180 cm^2
- **B)** ❑ 200 cm^2
- **C)** ❑ 120 cm^2
- **D)** ❑ 192 cm^2

17. La corona circolare ha un'area di 81π cm^2. Quali sono i raggi delle circonferenze concentriche?

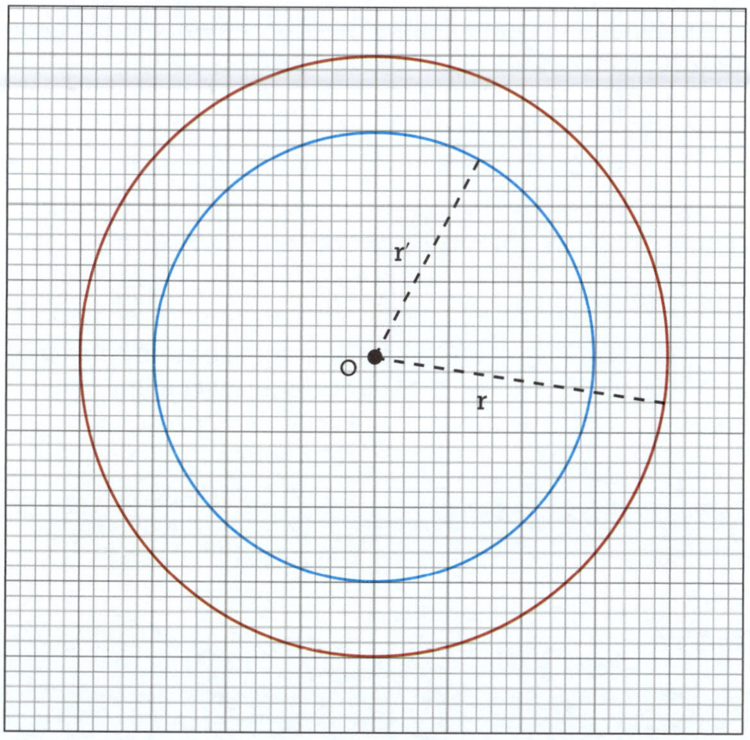

RICORDA
L'area della corona circolare si calcola applicando la formula:
$A_{Corona} = \pi(R^2 - r^2)$

- **A)** ❑ r = 12 cm r' = 10 cm
- **B)** ❑ r = 21 cm r' = 11 cm
- **C)** ❑ r = 15 cm r' = 12 cm
- **D)** ❑ r = 18 cm r' = 14 cm

18. Sia AB un arco di 6π cm appartenente ad una circonferenza di raggio 12 cm. Possiamo dire che:

		Vero	Falso
A)	L'arco $\widehat{AB}$ corrisponde ad un angolo al centro acuto	❑	❑
B)	Un arco $\widehat{CD}$ congruente ad AB, sulla stessa circonferenza, corrisponde ad un angolo al centro di 90°	❑	❑
C)	Un arco $\widehat{EF}$ di lunghezza doppia di $\widehat{AB}$ insiste sul diametro	❑	❑
D)	L'arco $\widehat{AB}$ corrisponde ad un angolo alla circonferenza di 45°	❑	❑

RICORDA
Angoli al centro che insistono su archi congruenti sono tra loro congruenti, così come angoli alla circonferenza che insistono su archi congruenti sono tra loro congruenti.

19. Quali relazioni posso scrivere utilizzando i Teoremi di Euclide?

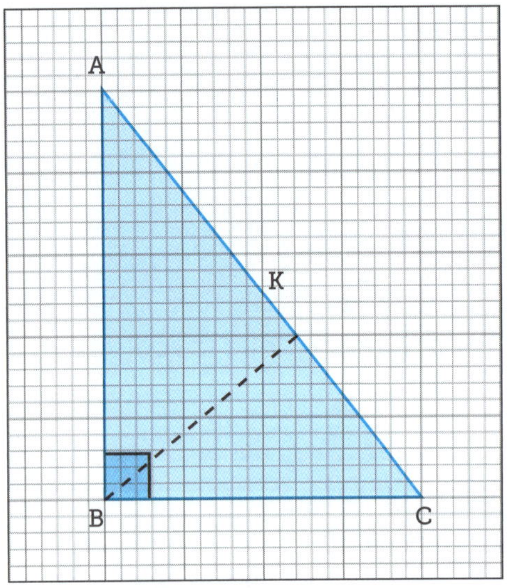

		Vero	Falso
A)	$\overline{BC} : \overline{AC} = \overline{KC} : \overline{AK}$	❑	❑
B)	$\overline{KC} : \overline{BC} = \overline{BC} : \overline{AC}$	❑	❑
C)	$\overline{CK} : \overline{BK} = \overline{BK} : \overline{AK}$	❑	❑
D)	$\overline{AB} : \overline{BC} = \overline{AC} : \overline{KC}$	❑	❑

20. Solo una delle affermazioni relative alle posizioni tra retta e circonferenza risulta errata:

A) ❑ Una retta esterna ad una circonferenza è sempre parallela ad una retta contenente un diametro della stessa circonferenza

B) ❑ Una retta secante ad una circonferenza stacca sempre una corda uguale alla misura del raggio

C) ❑ Una retta è tangente ad una circonferenza se la sua distanza dal centro è uguale al raggio

D) ❑ Scelti due punti sulla circonferenza per essi passerà una sola secante alla circonferenza

RICORDA
Una retta *secante* ha due punti in comune con la circonferenza, una retta *tangente* ha un solo punto in comune con la circonferenza e una retta *esterna* non interseca la circonferenza.

PROVA 3

IDENTITÀ ED EQUAZIONI

1. L'uguaglianza $2(x+3) = 2x + 6$

A) ❑ Non ha alcuna soluzione
B) ❑ È un'identità verificata per qualsiasi valore assegnato alla x
C) ❑ Ammette un solo valore che la verifichi
D) ❑ È un'equazione impossibile

2. All'equazione $10 - 4x + 2x - 3 = x - 3$ il valore -3 può essere "eliminato" applicando

A) ❑ Il primo principio di equivalenza
B) ❑ Il secondo principio di equivalenza
C) ❑ Non può essere eliminato
D) ❑ Può essere solo spostato ad altro membro

3. Associa ogni equazione al termine mancante per ottenere un'equazione equivalente a quella nel riquadro:

$$3x - 2 = -x + 6$$

a	$8 - 10x = 2x -$ **?**
b	$21 -$ **?** $= 4x + 9$
c	$14x - 12 + x =$ **?**
d	$x + 15 = -8 +$ **?**

1	25
2	18
3	16
4	2x

RICORDA
due equazioni sono EQUIVALENTI quando ammettono la stessa soluzione.

Risposta ....

4. Verifica le affermazioni relative all'equazione indicata:

$$x - 3x(x - 2) = x(x - 4)$$

		Vero	Falso
A)	Aggiungendo a destra $-4x^2 + 2$ diventa un'equazione determinata	❑	❑
B)	Aggiungendo a destra $-4x^2$ diventa un'equazione impossibile	❑	❑
C)	Aggiungendo a destra $-4x^2 + 11x$ diventa un'equazione indeterminata	❑	❑
D)	Aggiungendo a destra $-4x^2$ la soluzione è $x = 0$	❑	❑

5. L'equazione – 4 x = 0 è:

A) ❑ determinata con soluzione x = – 4
B) ❑ impossibile perché non ha soluzioni
C) ❑ determinata con soluzione x = 0
D) ❑ indeterminata con infinite soluzioni

RICORDA
un'equazione può essere:
- *determinata* se ammette un'unica soluzione
- *indeterminata* se ammette infinite soluzioni
- *impossibile* se non ammette soluzioni

6. Moltiplicare tutti i termini di un'equazione per uno stesso valore $k \in N$, significa:

A) ❑ aumentare la soluzione dell'equazione di k volte
B) ❑ applicare il secondo principio di equivalenza
C) ❑ ottenere una soluzione diversa da quella di partenza
D) ❑ Non è possibile moltiplicare i termini di un'equazione per un altro termine

7. Dalla formula relativa alla densità di un corpo $\rho = \frac{M}{V}$ (rapporto tra massa e volume) vogliamo ricavare quelle relative alla ricerca della massa e del volume. Possiamo applicare un principio di equivalenza? Quale?

❑ SI
❑ NO

RICORDA
I principi di equivalenza ti permettono di ricavare le cosiddette "formule inverse".
Rifletti bene sulle operazioni da svolgere!

Quale ....

Le formule saranno: V = ... M = ...

8. I dati in figura permettono di ricavare le ampiezze degli angoli interni del triangolo

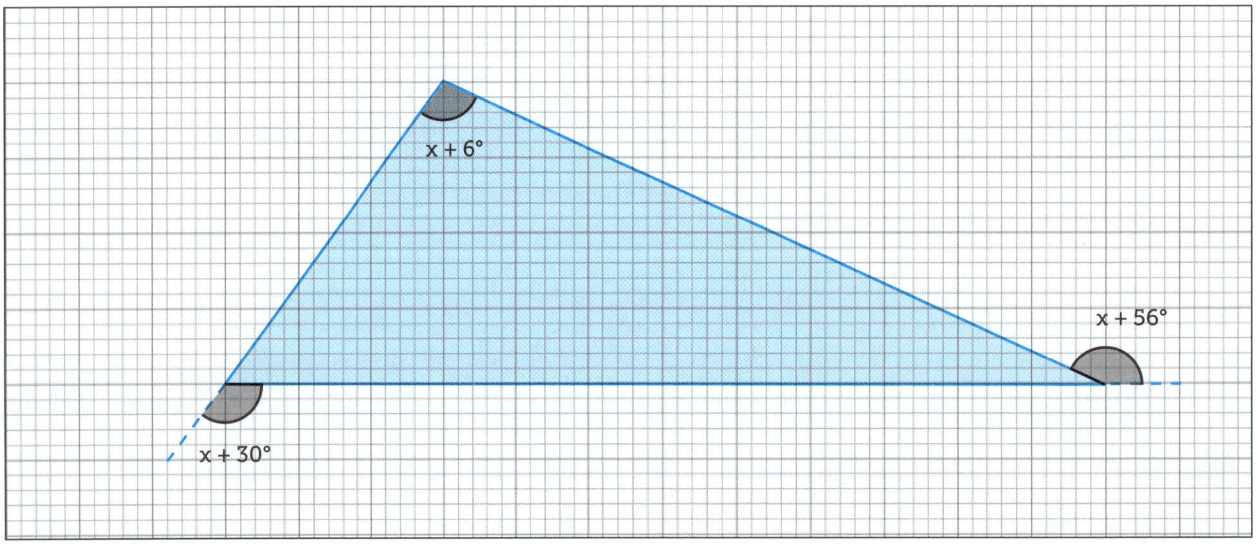

Quanto vale l'incognita?

Risposta ....

Gli angoli hanno ampiezza:

A) ❑ 30° 50° 100°
B) ❑ 32° 40° 108°
C) ❑ 20° 50° 110°
D) ❑ 50° 24° 106°

IMPORTANTE
La somma degli angoli interni di un triangolo è un angolo piatto e... ricorda anche i Teoremi dell'angolo esterno. Applicando le proprietà, potrai arrivare all'equazione risolutiva!

9. **Quale equazione traduce la frase: "il quadrato di un numero sommato alla metà del suo precedente è uguale al numero stesso moltiplicato per il suo successivo"?**

A) ❑ $x^2 + 2(x - 1) = x(x + 1)$

B) ❑ $x^2 + \frac{1}{2}(x - 1) = x(x + 1)$

C) ❑ $x^2 + \frac{1}{2}(x - 1) = x^2 + \frac{1}{3}(x + 1)$

D) ❑ $2x + \frac{1}{2}x - 1 = x(x + 1)$

ATTENZIONE
Dato un numero n, il suo precedente si indica con $n - 1$ e il suo successivo con $n + 1$

Qual è il numero?

Risposta ....

10. **L'equazione risulterà impossibile solo sostituendo uno dei valori proposti. Quale?**

$$3x - 2(5x + 8) = \boxed{?} + x - 2(x - 3)$$

A) ❑ +7
B) ❑ −2x
C) ❑ −6x
D) ❑ +10

11. **La frase "due numeri differiscono tra loro di 20 e la loro somma è uguale a 90" può essere tradotta in un'equazione con la seguente simbologia:**

A) ❑ 2x + x + 20 = 90
B) ❑ 90 = x + (90x − 20x)
C) ❑ 20x + (x + 20) = 90
D) ❑ x + (x + 20) = 90

12. **Eric, Gaston e Louis corrono insieme per $\frac{1}{4}$ del percorso di allenamento. Per altri $\frac{2}{3}$ solo Gaston e Louis e per gli ultimi 1500 m quest'ultimo corre da solo. Quanti chilometri ha percorso ogni atleta?**

A) ❑ Eric (4 km), Gaston (12 km), Louis (14 km)
B) ❑ Eric (4,5 km), Gaston (16,5 km), Louis (18 km)
C) ❑ Eric (2,5 km), Gaston (12 km), Louis (18 km)
D) ❑ Eric (12 km), Gaston (16,5 km), Louis (18 km)

CONSIGLIO
Indica con l'incognita x l'intero tratto percorso da Louis!

13. Il percorso x che Arthur deve fare per spostarsi da casa a scuola è schematizzato in figura. Con una velocità di 1,5 m/s quanto tempo impiega?

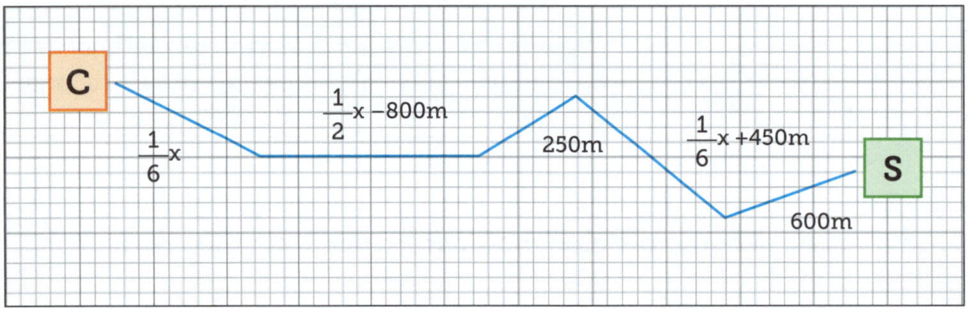

A) ❑ Quasi 20 minuti

B) ❑ Tra 30 e 35 minuti

C) ❑ Più di 40 minuti

D) ❑ 62 minuti

14. Della somma preventivata per le vacanze la quarta parte è stata utilizzata per gli spostamenti, la metà per i pernottamenti e il vitto e la quinta parte per lo shopping. I 400€ risparmiati verranno messi da parte per il prossimo viaggio. Quale era il budget inizialmente considerato?

A) ❑ € 8000

B) ❑ € 6500

C) ❑ € 4000

D) ❑ € 8500

15. In base ai dati quale sarà il valore di x?

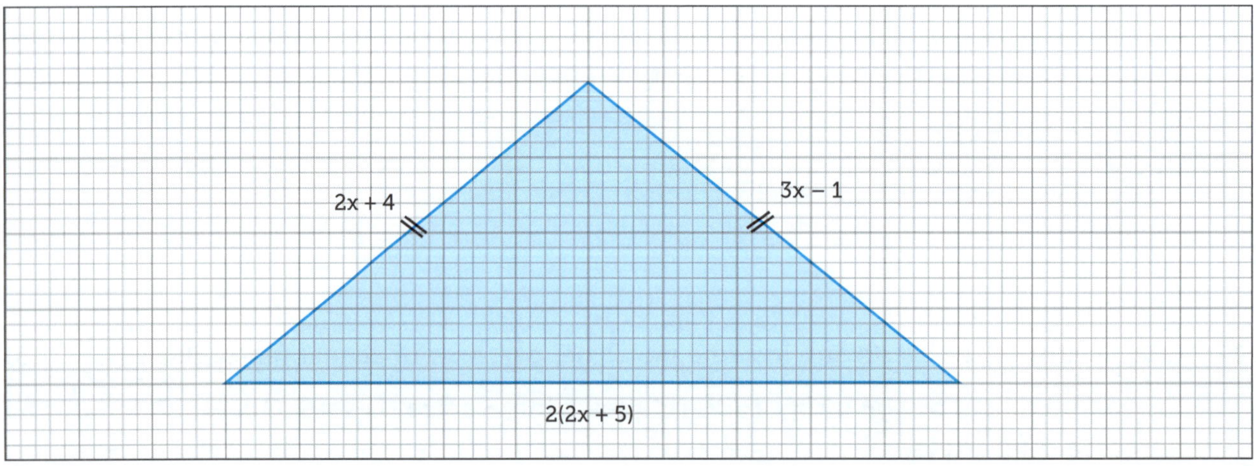

A) ❑ $x = 0$

B) ❑ $x = -5$

C) ❑ $x = -3$

D) ❑ $x = 5$

OSSERVA
Il triangolo è isoscele: come sono i suoi lati?

16. **Il mio amichetto "genio" non mi dice la sua età, devo ricavarmela risolvendo il quesito che ha inventato!**

"Aggiungo $\frac{3}{2}$ ad un numero e gli tolgo la sua metà per ottenere 9. Qual è il numero"?

A) ❑ 12 anni

B) ❑ 13 anni

C) ❑ 14 anni

D) ❑ 15 anni

17. **Rettangolo e trapezio isoscele isoperimetrici...**

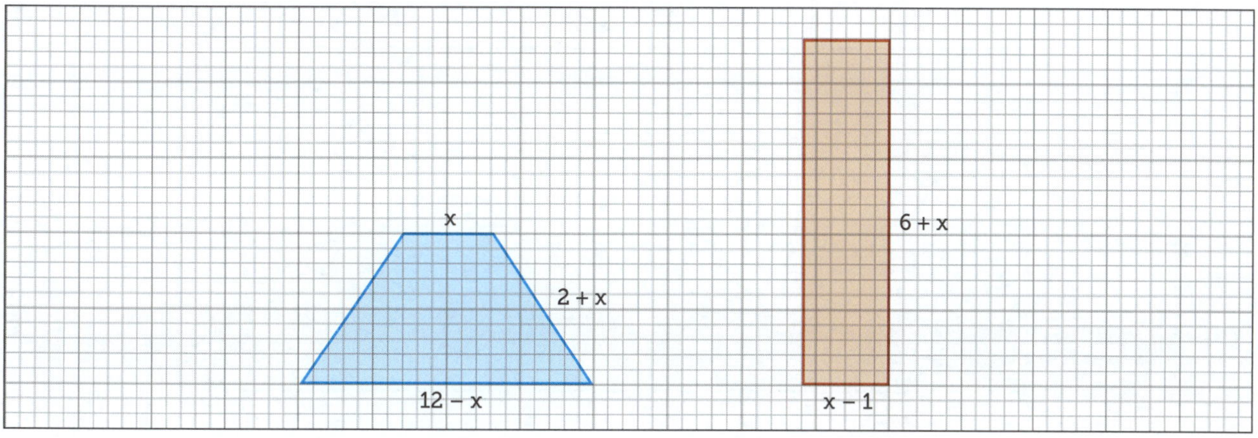

Quanto vale il perimetro in cm?

A) ❑ 2p = 32 cm

B) ❑ 2p = 22 cm

C) ❑ 2p = 28 cm

D) ❑ non è possibile calcolare il perimetro

RICORDA
Due figure si dicono ISOPERIMETRICHE quando hanno lo stesso perimetro!

18. **Nicoletta ha speso per la sua vacanza il doppio di quanto speso dalla sua amica Valentina e quest'ultima il triplo di ciò che ha pagato Simona per la sua settimana in campeggio. In tutto le tre amiche hanno speso la somma di 4500€. Quale equazione può essere utilizzata per sapere quanto hanno speso a testa le tre amiche?**

A) ❑ 4500 = 6x + 3x +x

B) ❑ 4500 = 2x + 3x +x

C) ❑ 6x + 3x +x + 4500 = 0

D) ❑ 4500 + 6x = 3x +x

IMPORTANTE
Fai bene attenzione alle relazioni tra le somme spese dalle tre amiche. Quale delle tre conviene porre come incognita x?

Quali sono le somme spese?

A) ❑ N (1800 €) V (1200 €) S (1500 €)

B) ❑ N (450 €) V (1350 €) S (2700 €)

C) ❑ N (2500 €) V (1250 €) S (750 €)

D) ❑ N (2700 €) V (1350 €) S (450 €)

19. La somma delle età di Carletto, Poldino e Berto è uguale a 48. Sai stabilire quali sono le loro età sapendo che sono tre numeri consecutivi?

Risposta ....

20. Il terreno in figura è coltivato ad ortaggi. L'idea è quella di diminuire del 20% la superficie per destinarla ad un altro tipo di prodotto. Per non fare molti calcoli si cercherà di modificare la base o l'altezza per rispettare questo obiettivo.

Di quanto dovrebbe diminuire la misura della base o dell'altezza?

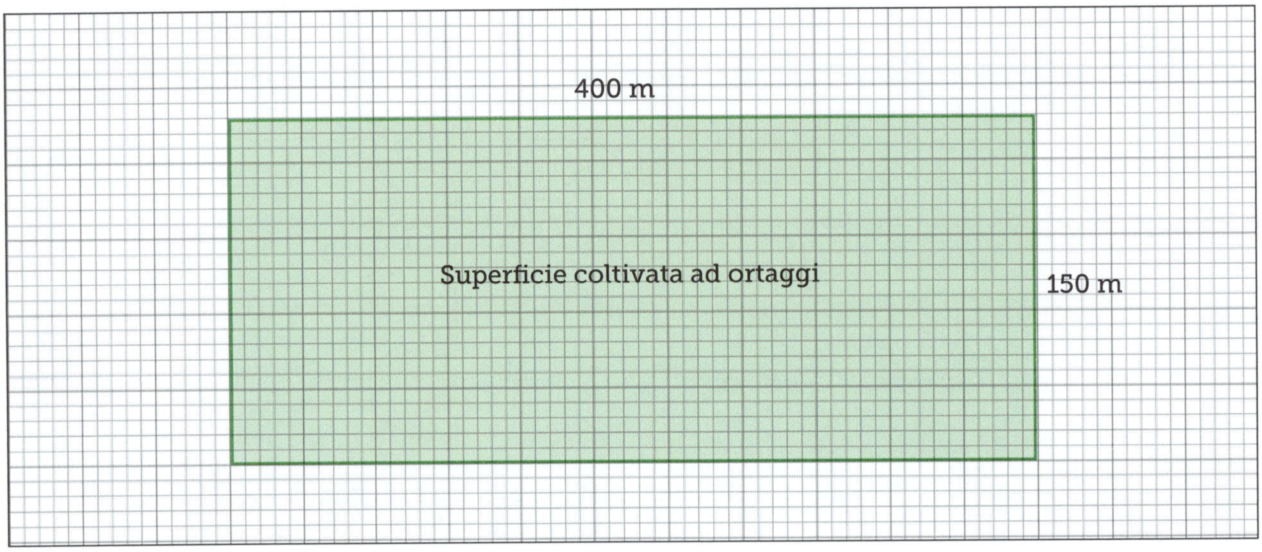

		Vero	Falso
A)	L'altezza deve diminuire di 30 m	❑	❑
B)	L'altezza diminuisce di 50 m	❑	❑
C)	La base deve diminuire di 80 m	❑	❑
D)	La base diminuisce di 120 m	❑	❑

PROVA 4

RETTE E PIANI NELLO SPAZIO – I SOLIDI (POLIEDRI E SOLIDI DI ROTAZIONE)

1. Un solido formato da 5 cubi uguali ha un volume complessivo di 6655 cm³. Quanto misura lo spigolo di un cubo?

A) ❑ 11 dm
B) ❑ 1,1 dm
C) ❑ 11,5 cm
D) ❑ 11,1 mm

2. Una piramide e un prisma hanno la stessa base quadrata e sono equivalenti. Possiamo dire che:

A) ❑ i due solidi hanno la stessa altezza
B) ❑ il prisma ha l'altezza pari a tre volte quella della piramide
C) ❑ l'altezza della piramide è il triplo di quella del prisma
D) ❑ i dati non sono sufficienti per dedurre informazioni sulle altezze dei due solidi

RICORDA
Due solidi sono *equivalenti* quando hanno lo stesso volume.

3. Un contenitore ha la forma di un cilindro avente le misure indicate in figura. Quanti dl di succo d'arancia può contenere?

A) ❑ più di 3 dl
B) ❑ tra 2,5 dl e 2,7 dl
C) ❑ meno di 2 dl
D) ❑ non è possibile calcolarlo

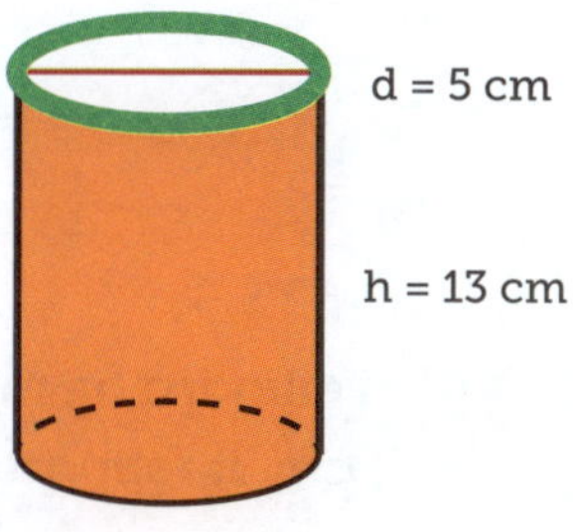

RICORDA
1 decilitro corrisponde a 100 cm³.

4. La base di una piramide quadrangolare si appoggia su un cubo, facendo combaciare le facce perfettamente uguali. Quanti spigoli ha il solido così ottenuto?

A) ❑ 16
B) ❑ 12
C) ❑ 8
D) ❑ 14

5. Un prisma ha base quadrata. Se la sua altezza è il triplo dello spigolo di base (L), quale tra le seguenti scritture ne rappresenta il suo volume?

A) ❑ $2L^3$
B) ❑ $2L + 2L^2$
C) ❑ $3L^3$
D) ❑ $3L^2 + 2L^3$

6. Tra i valori proposti solo uno rende i solidi equivalenti. Quale?

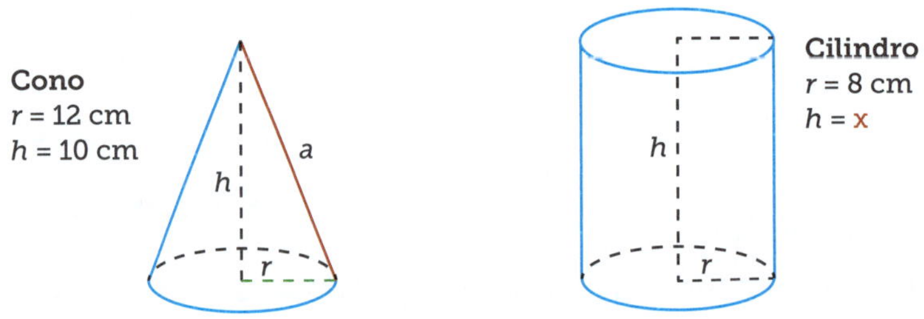

A) ❑ 0,015 dm
B) ❑ 0,25 m
C) ❑ 0,75 dm
D) ❑ 7,5 dm

7. L'intersezione tra due piani nello spazio è rappresentata da:

A) ❑ un segmento
B) ❑ un diedro
C) ❑ un piano
D) ❑ una retta

8. Un cilindro ha raggio 10 cm e altezza 5 cm. Un secondo cilindro ha raggio 5 cm e altezza 10 cm. Il rapporto tra i volumi del primo e del secondo è uguale a:

A) ❑ 0,5
B) ❑ 2
C) ❑ 1,5
D) ❑ 2,5

9. Un cilindro e una sfera, avendo una forma completamente diversa, non potranno mai avere la stessa superficie totale. Puoi essere d'accordo con questa affermazione?

Sì, perché	No, perché
❑ la superficie sferica, a parità di raggio, è sempre maggiore della superficie totale del cilindro ❑ la superficie del cilindro è sempre maggiore della superficie sferica quando il raggio è lo stesso	❑ si possono sempre trovare dei valori del raggio e dell'altezza che rendano uguali la superficie totale della sfera e quella del cilindro ❑ se il raggio è lo stesso lo saranno anche le superfici totali

10. Metti in ordine i solidi dal più leggero al più pesante.

a	b	c	d
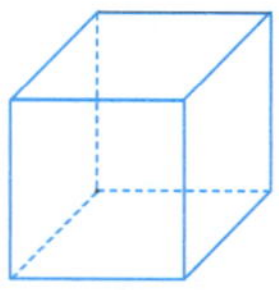	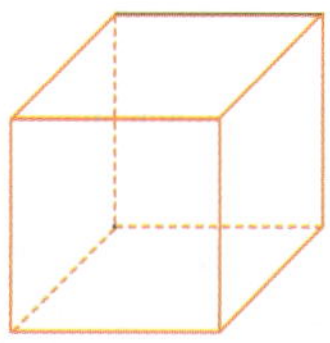	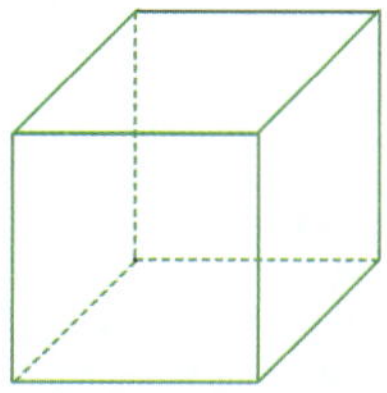	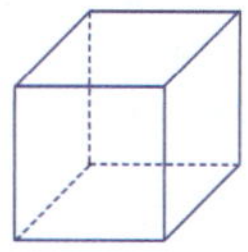
densità = 10,5 g/cm^3 spigolo = 0,5 dm	densità = 2,5 g/cm^3 spigolo = 1,2 dm	densità = 2,6 g/cm^3 spigolo = 15 cm	densità = 19,5 g/cm^3 spigolo = 0,045 m

A) ❑ b < c < a < d
B) ❑ d < b < c < a
C) ❑ a < d < b < c
D) ❑ b < a < d < c

RICORDA
La densità di un corpo corrisponde al rapporto tra la massa di un corpo e il suo volume.

11. Un acquario contiene acqua fino a 5 cm dal bordo superiore. Se le dimensioni sono 110 cm e 45 cm quelle di base e 51,5 cm per l'altezza, quanti litri di acqua occorrono per riempirlo?

A) ❑ circa 230 litri
B) ❑ tra 180 e 200 litri
C) ❑ più di 250 litri
D) ❑ non ci sono indicazioni per il calcolo

12. Quattro sfere sono realizzate con materiali diversi. Sai associare ad ogni sfera il materiale di cui sono fatte sfruttando i dati disponibili?

a	b	c	d
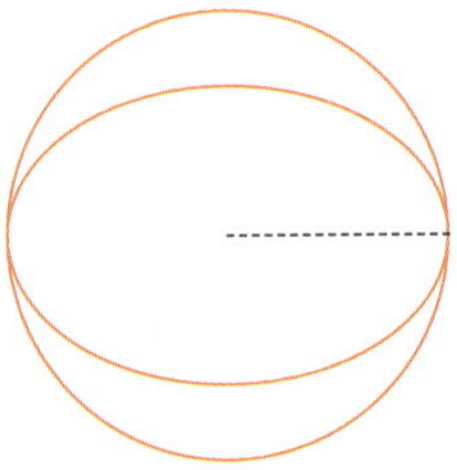	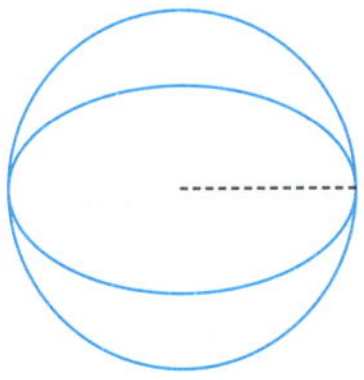	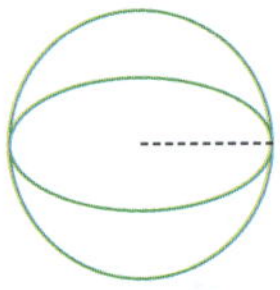	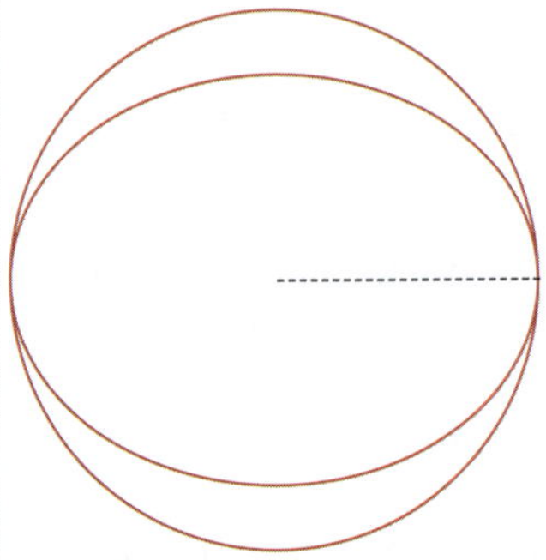
raggio = 1,5 cm massa = circa 272 g	raggio = 1,2 cm massa = circa 19,5 g	raggio = 0,9 cm massa = circa 8 g	raggio = 2,1 cm massa = circa 407 g

Densità Vetro: 2,6 g/cm^3
Densità Alluminio: 2,7 g/cm^3
Densità Argento: 10,5 g/cm^3
Densità Oro: 19,3 g/cm^3

A) ❑ a (alluminio) b (oro) c (argento) d (vetro)
B) ❑ a (argento) b (vetro) c (alluminio) d (oro)
C) ❑ a (oro) b (alluminio) c (vetro) d (argento)
D) ❑ a (vetro) b (argento) c (oro) d (alluminio)

RICORDA
Il volume della sfera si calcola: $V = \frac{4}{3}\pi r^3$

13. Nel negozio di colori di Beniamino la scritta "Vi farò dipingere anche *tutta* la Terra" incuriosisce molti...Qualcuno si è divertito anche a calcolare quanto potrebbe costare!!! Riesci a scrivere l'espressione che ci permette di ricavare un valore che risulterà enorme??

Raggio Terra = 6370 km
Consumo medio di vernice: 0,16 litri per m^2 di superficie
Costo medio vernice: € 3,5 al litro

A) ❑ (6370000m)^2·(0,16 l/m^2)·(3,5 €)
B) ❑ 4π (6370000m)^2·(0,16 l/m^2)·(3,5 €/l)
C) ❑ 4(6370000m)^2·(0,16 l/m^2)·(3,5 €)
D) ❑ impossibile calcolare il costo

14. Su un cubo è poggiato al centro un altro cubo con spigolo uguale alla terza parte di quello precedente.
Qual è la sua superficie totale?

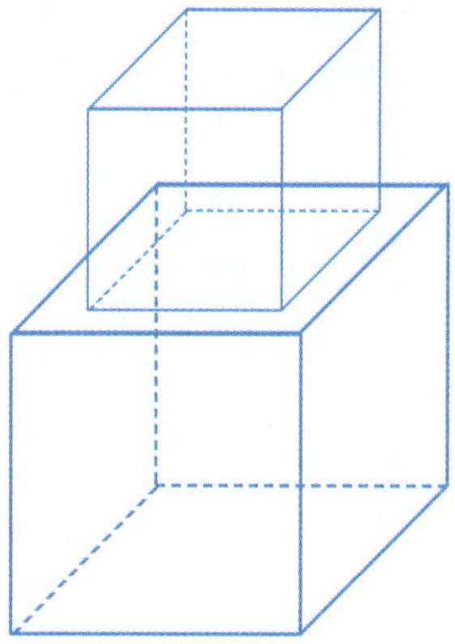

A) ❑ $\frac{27}{4}x^2$

B) ❑ $\frac{58}{9}x^2$

C) ❑ $\frac{33}{4}x^2$

D) ❑ $\frac{15}{8}x^2$

Se invece di poggiare il cubo, si crea una cavità a forma cubica, sempre al centro della faccia superiore, rispettando le stesse indicazioni (spigolo $\frac{1}{3}$ dell'altro), di quanto cambia ora la superficie totale?

ATTENZIONE
Osserva bene quali superfici inserire nel calcolo.

A) ❑ aumenta di $6x^2$

B) ❑ aumenta di $4x^2$

C) ❑ non cambia

D) ❑ diminuisce di $6x^2$

15. Un solo solido non è equivalente agli altri. Quale?

piramide a base quadrata	**cubo**	**parallelepipedo**	**prisma a base quadrata**
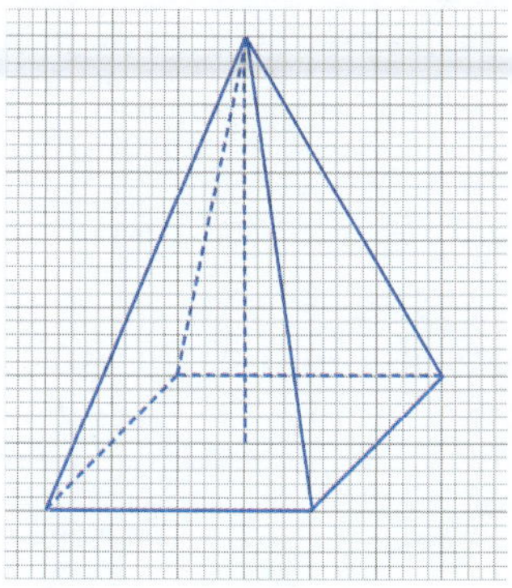	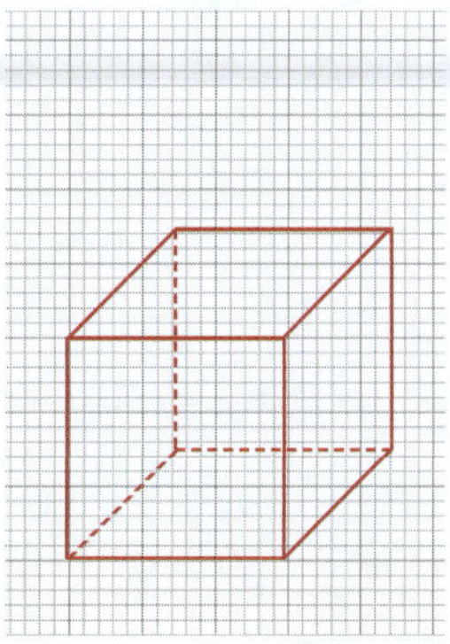	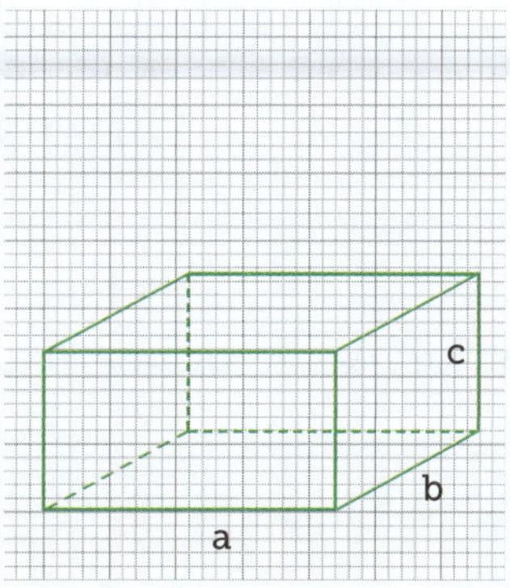	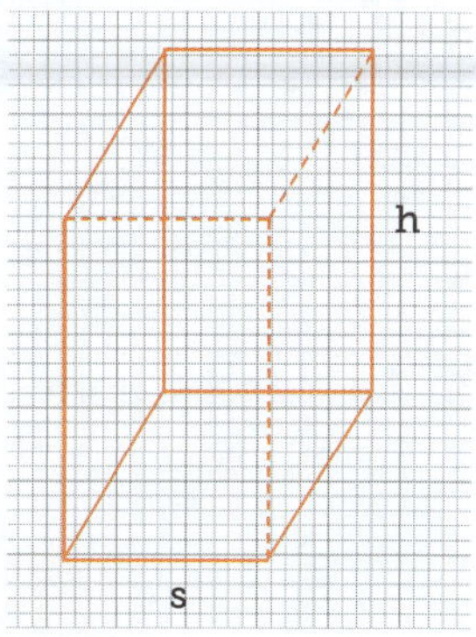
spigolo base = 6 cm altezza = 3,2 dm	spigolo = 1,5 dm	a = 1,6 dm b = 8 cm c = 3 cm	spigolo = 8 cm altezza = 6 cm

A) ❑ prisma a base quadrata

B) ❑ parallelepipedo

C) ❑ cubo

D) ❑ piramide a base quadrata

16. Aggiungendo altri due cubi, uno a destra e uno a sinistra, di quanto aumenta la superficie totale della struttura?

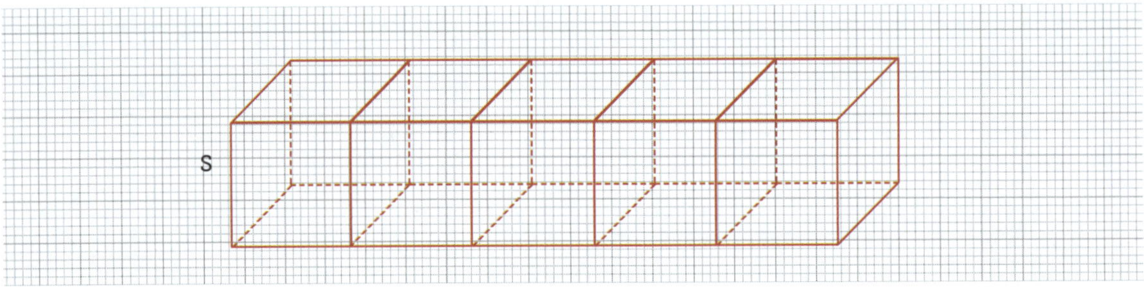

A) ❑ 10 s^2
B) ❑ 8 s^2
C) ❑ 12 s^2
D) ❑ 4 s^2

17. In figura è riportata l'immagine di un dado esagonale filettato. Volendo calcolare in maniera approssimativa la superficie totale, senza tener conto della filettatura, quale potrebbe essere a grandi linee il percorso da seguire?

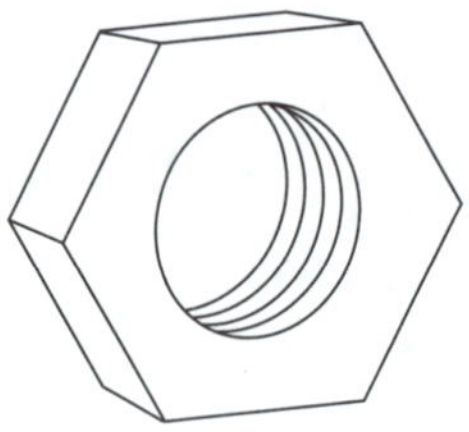

A) ❑ S. tot. Prisma esagonale – superficie cerchio di base + S. lat. cilindro
B) ❑ S. tot. Prisma esagonale + S. lat. cilindro
C) ❑ S. tot. Prisma esagonale – 2 superficie cerchio di base
D) ❑ S. tot. Prisma esagonale + S. lat. cilindro – 2 superficie cerchio di base

18. La riproduzione dell'immagine di una matita permette di ricavare il volume del solido composto?

Si, perché	**No, perché**
❑ i dati permettono di ricavare i volumi dei diversi solidi che formano la matita ❑ i dati permettono di lavorare sul cilindro che forma la matita	❑ manca il raggio del cerchio di base ❑ manca il dato relativo all'altezza del cono

19. Solo di un solido non è possibile effettuare lo sviluppo nel piano. Quale?

A) ❑ Cilindro
B) ❑ Cono
C) ❑ Sfera
D) ❑ Cubo

20. Camila ha comprato un modellino in gomma della Piramide a base quadrata del Louvre. Da ciò che ha letto nella guida, le dimensioni reali dello spigolo di base e dell'altezza sono 35 m e 21 m. Il souvenir, invece, ha il lato di base di circa 15 cm. Riuscirà a riporlo nel suo espositore da parete che ha altezza tra un piano e l'altro di 15 cm?

CONSIGLIO
A partire dai dati noti... quale proporzione riesci a impostare?

Sì, perché	**No, perché**
❑ il valore di 9 cm ottenuto attraverso il rapporto di similitudine tra perimetro di base e altezza mi assicura che è possibile ❑ a occhio dovrebbe entrarci	❑ l'altezza è di poco superiore a 15 cm ❑ l'altezza è 20 cm

PROVA 5

IL PIANO CARTESIANO E LA GEOMETRIA ANALITICA

1. I segmenti $\overline{MN}$, $\overline{AB}$ e $\overline{HL}$ hanno lunghezze che possono essere determinate attraverso le coordinate degli estremi. Quali i risultati corretti?

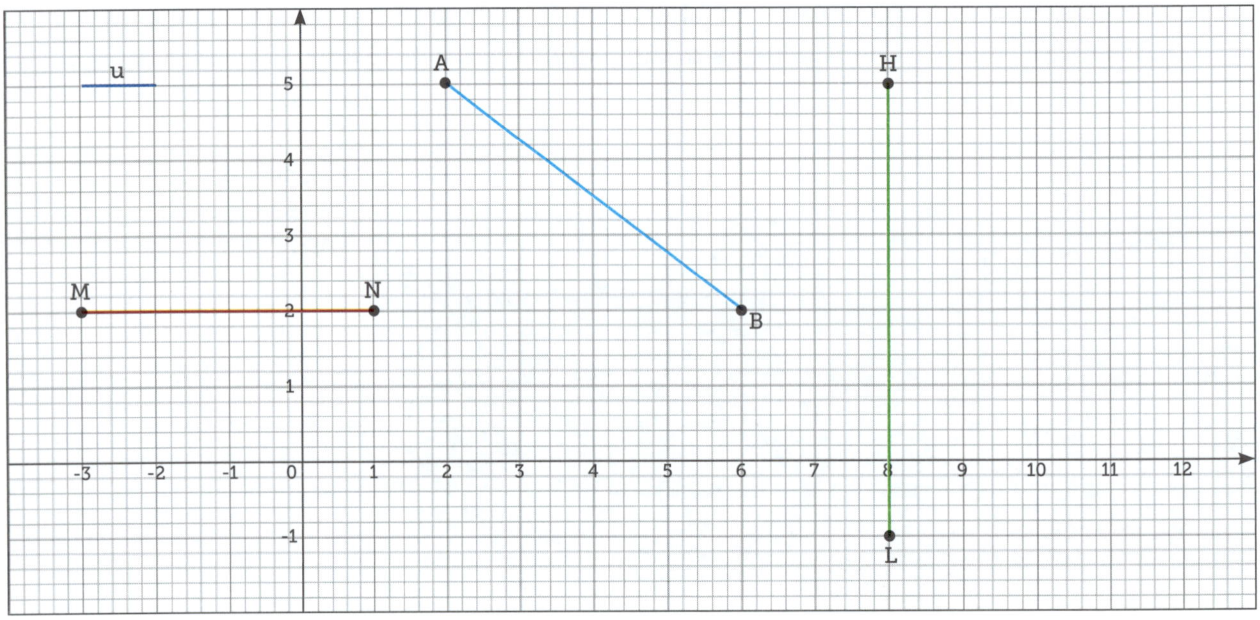

A) ❑ $\overline{MN} = 3u$ $\overline{AB} = 4u$ $\overline{HL} = 6u$

B) ❑ $\overline{MN} = 2u$ $\overline{AB} = 5u$ $\overline{HL} = 6u$

C) ❑ $\overline{MN} = 4u$ $\overline{AB} = 5u$ $\overline{HL} = 6u$

D) ❑ $\overline{MN} = 4u$ $\overline{AB} = 3u$ $\overline{HL} = 6u$

RICORDA
Bisogna applicare le formule per la distanza tra due punti.

2. Dati i punti A (-3; 2), B (4; 2), C (4; 7) e D (-3; 7), indica se ciascuna delle seguenti affermazioni è vera (V) o falsa (F)

		Vero	Falso
A)	I quattro punti sono vertici di un rettangolo	❑	❑
B)	Il punto D appartiene al terzo quadrante	❑	❑
C)	Scelta u come unità di misura, la base del quadrilatero ha lunghezza 7 u	❑	❑
D)	I quattro punti sono simmetrici rispetto all'asse delle ordinate	❑	❑

CONSIGLIO
Disegna un sistema di riferimento di assi cartesiani e riporta i 4 punti assegnati A, B, C e D.

3. Ai punti H (−2; 5) e L(−6; 3) possiamo associare il punto medio M con coordinate:

A) ❑ M (−4; 2)

B) ❑ M (−4; 4)

C) ❑ M (4; 4)

D) ❑ M (−8; 8)

4. Osserva i punti rappresentati nel sistema di assi cartesiani e indica le frasi corrette

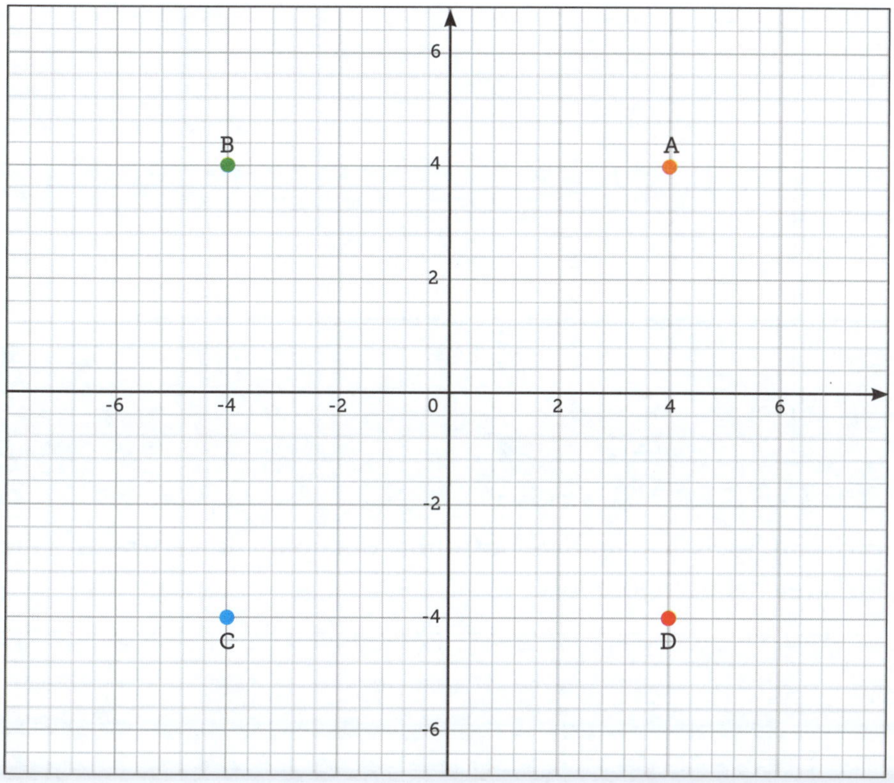

		Vero	Falso
A)	Il punto C è il simmetrico di B rispetto all'asse y	❑	❑
B)	Il punto D è il simmetrico di C rispetto all'asse y	❑	❑
C)	Il punto C è il simmetrico di A rispetto all'asse x	❑	❑
D)	Il punto C è il simmetrico di A rispetto all'origine degli assi	❑	❑

5. Solo tra due punti la distanza è 10 u. Tra quali?

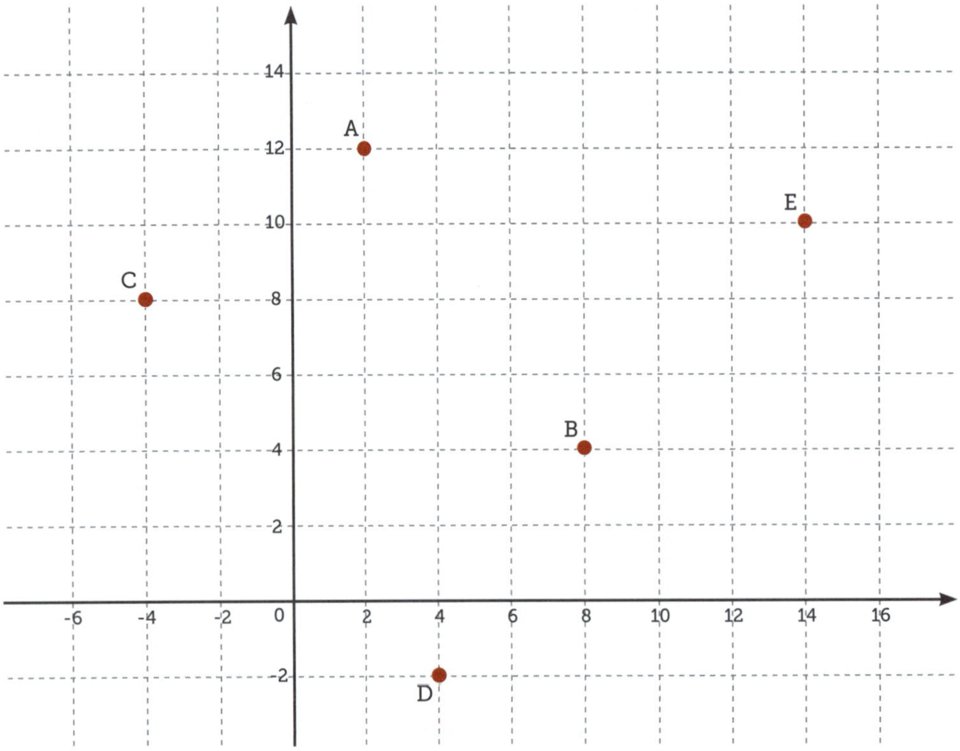

A) ❑ C - B
B) ❑ B - E
C) ❑ A - B
D) ❑ B - D

6. Quale punto con ascissa negativa potrebbe occupare il vertice B sulla retta r per raddoppiare l'area del triangolo ABC?

A) ❑ B (−5; 1)
B) ❑ B (−2; 1)
C) ❑ B (−10; 1)
D) ❑ B (−1; 1)

IMPORTANTE
Rifletti su come si calcola l'area del triangolo ABC e... quanto misura l'altezza. Cosa potrebbe "cambiare" per raddoppiare l'area?

7. **I punti A (-2; 4) e B (-5; -7) sono estremi di un segmento che taglia l'asse delle ascisse?**

Si, perché	No, perché
☐ i punti appartengono uno al secondo quadrante e l'altro al terzo. ☐ hanno entrambi ascissa negativa	☐ il segmento taglia l'asse delle ordinate ☐ i punti appartengono allo stesso quadrante

8. **Solo in un caso i punti appartengono a quadranti differenti. Quale?**

A) ☐ (0; −4) (15; −1) (2; 6) (4; −8)
B) ☐ (−5; −4) (−5; −2) (0; 7) (1; −9)
C) ☐ (1; 3) (−5; 2) (−3; −8) (2; −5)
D) ☐ (−2; 4) (−3; 1) (5; 1) (1; −4)

ATTENZIONE
Ricorda che i segni delle coordinate dei punti sono determinati dal quadrante a cui appartengono...
E, se non riesci a individuare la risposta, disegna i punti assegnati in un piano cartesiano.

9. **Dati i punti A (-2; 3) e B (4; -3) ...quali sono le coordinate di un terzo punto C tali da rendere il triangolo ABC rettangolo, con angolo retto in C?**

A) ☐ C (+3; +3)
B) ☐ C (+5; +3)
C) ☐ C (−2; −3)
D) ☐ C (−1; −3)

10. **Solo una delle seguenti affermazioni risulta sbagliata.**

A) ☐ Il coefficiente angolare di una retta rappresenta la sua inclinazione rispetto all'asse x
B) ☐ Le rette parallele hanno uguale coefficiente angolare
C) ☐ Una retta che passa per l'origine ha coefficiente angolare uguale a zero
D) ☐ Dall'equazione di una retta è possibile ricavare il coefficiente angolare

ATTENZIONE
Cosa rappresenta il coefficiente angolare?
Come deve essere il coefficiente angolare per le rette parallele?

11. La retta disegnata in figura ha equazione y = x ed è la bisettrice di due dei quadranti del piano cartesiano. Indica se ciascuna delle seguenti affermazioni è vera (V) o falsa (F).

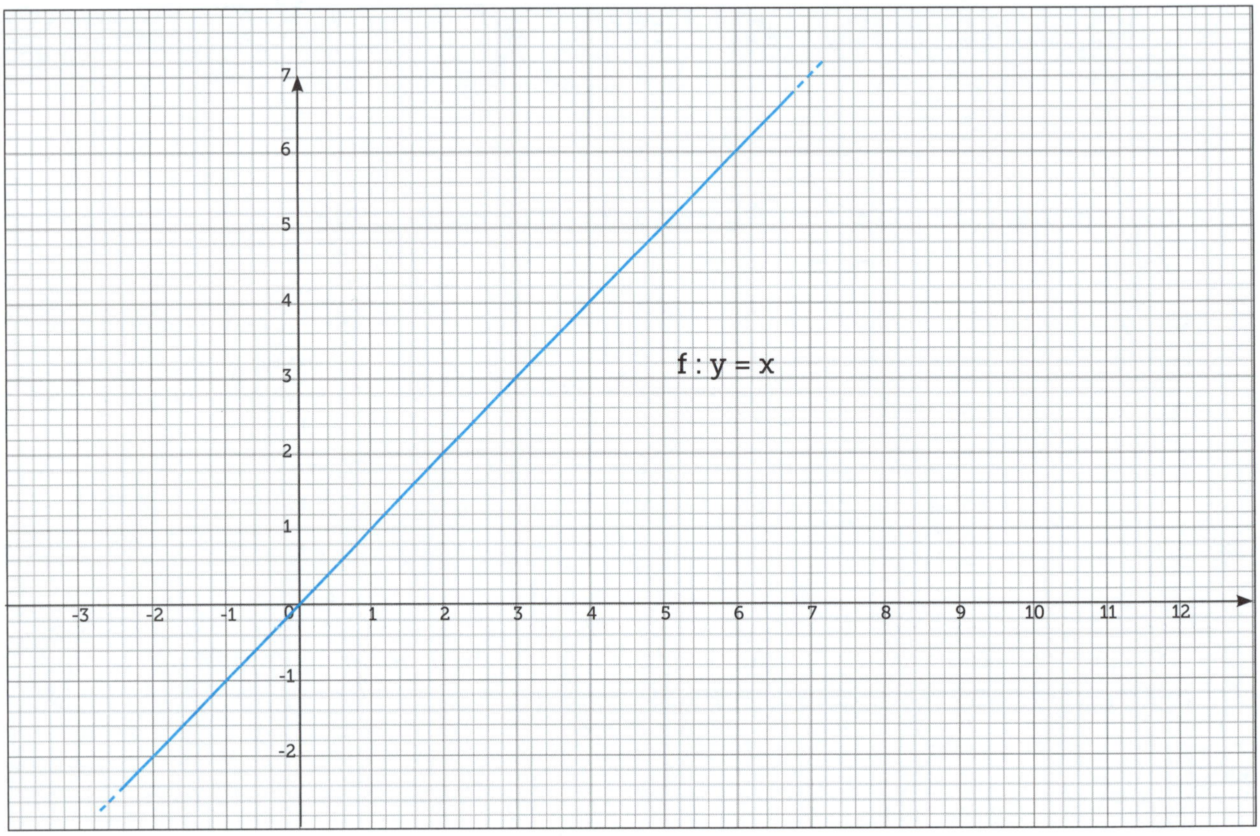

		Vero	Falso
A)	y = x è la bisettrice dei quadranti I - III	❑	❑
B)	Tutti i punti con valori di ascissa ed ordinata uguali appartengono alla retta	❑	❑
C)	Tutte le rette che non hanno termine noto passano per l'origine	❑	❑
D)	La bisettrice dei quadranti II - IV ha la stessa equazione della retta disegnata	❑	❑

12. Solo una delle seguenti equazioni rappresenta una retta nel piano cartesiano. Quale?

A) ❑ $y = x^2 - 1$

B) ❑ $3x + y = -2$

C) ❑ $x^2 + y^2 = 1$

D) ❑ $y = x^3$

13. Le rette di equazione y = 3x – 4 e y = 3x + 5 possono essere considerate parallele?

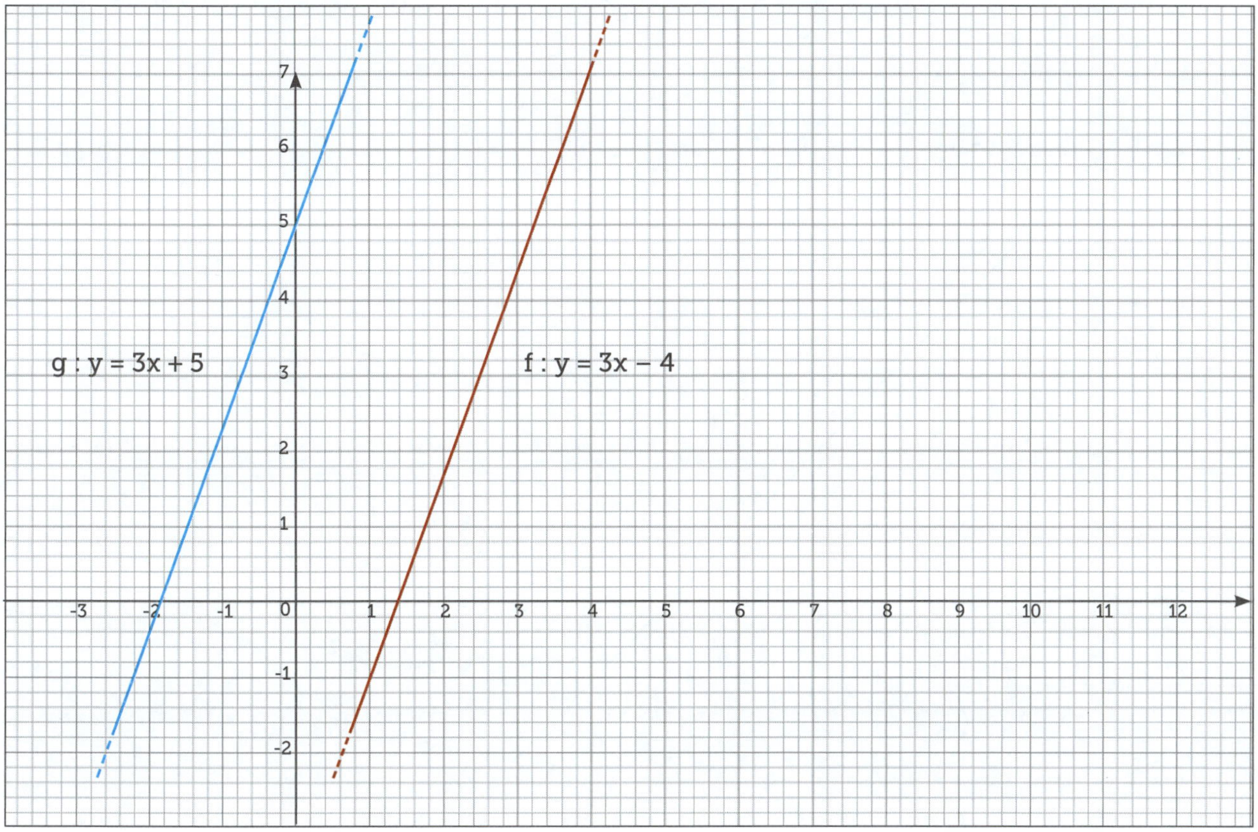

Sì, perché	No, perché
❑ è possibile intuirlo dal disegno	❑ i termini noti hanno segno diverso
❑ il coefficiente angolare è lo stesso	❑ dovrebbero avere termine noto opposto

14. Quale affermazione non risulta vera rispetto alla retta di equazione y = – x + 4 ?

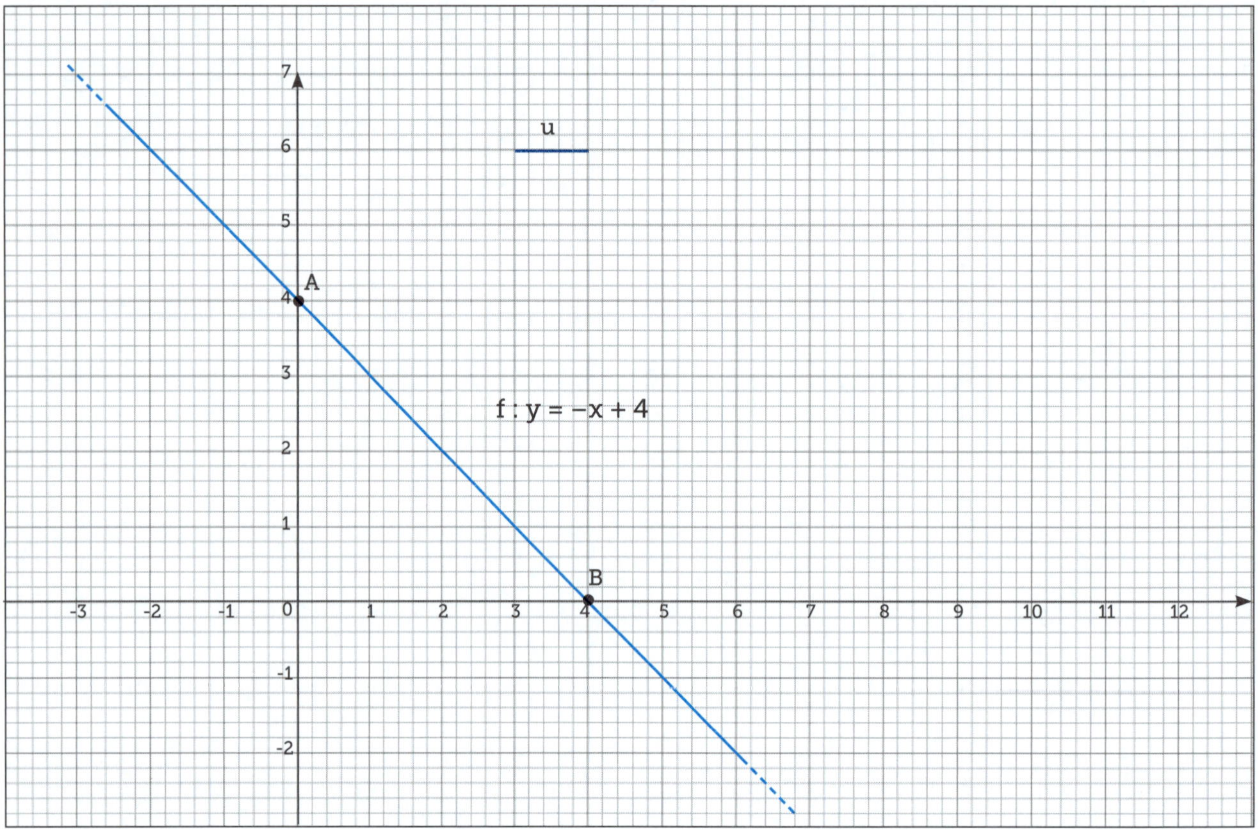

A) ❑ il coefficiente angolare è uguale a –1

B) ❑ l'area del triangolo formato con gli assi cartesiani vale $8u^2$

C) ❑ la retta interseca l'asse y nel punto di ordinata 4

D) ❑ la retta y = x – 4 è parallela alla retta disegnata in figura

15. I due punti A (0,6) e B (0,-6) sono punti simmetrici. Se consideriamo AB come base di un triangolo, possiamo affermare che:

		Vero	Falso
A)	Un qualsiasi punto C posto sull'asse x formerà un triangolo isoscele	❑	❑
B)	La distanza AB è di 12 cm	❑	❑
C)	Un qualsiasi punto C posto sulla retta y = 6 formerà un triangolo rettangolo	❑	❑
D)	Un qualsiasi punto C posto nel piano cartesiano formerà sempre con A e B un triangolo acutangolo	❑	❑

16. Osserva le tre rette in figura: quali affermazioni sono vere?

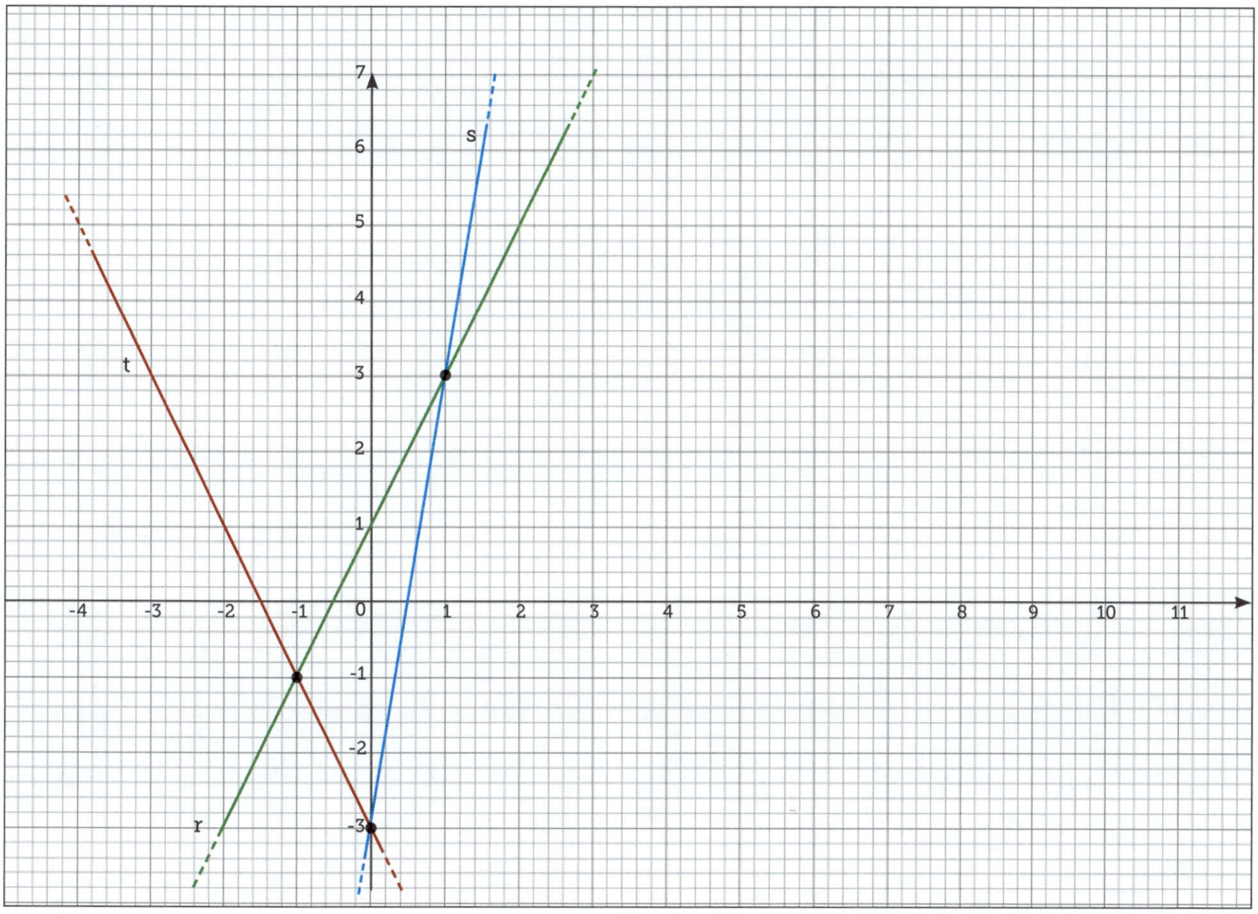

		Vero	Falso
A)	La retta t è perpendicolare alla retta r	❑	❑
B)	Le rette r ed s non sono parallele	❑	❑
C)	Il punto di intersezione tra le rette r e t è nel secondo quadrante	❑	❑
D)	Le rette s e t si intersecano in un punto dell'asse delle ordinate	❑	❑

17. Nel piano cartesiano le rette x + 2y = 5 e – x + 2y = 3 in quale punto si intersecano?

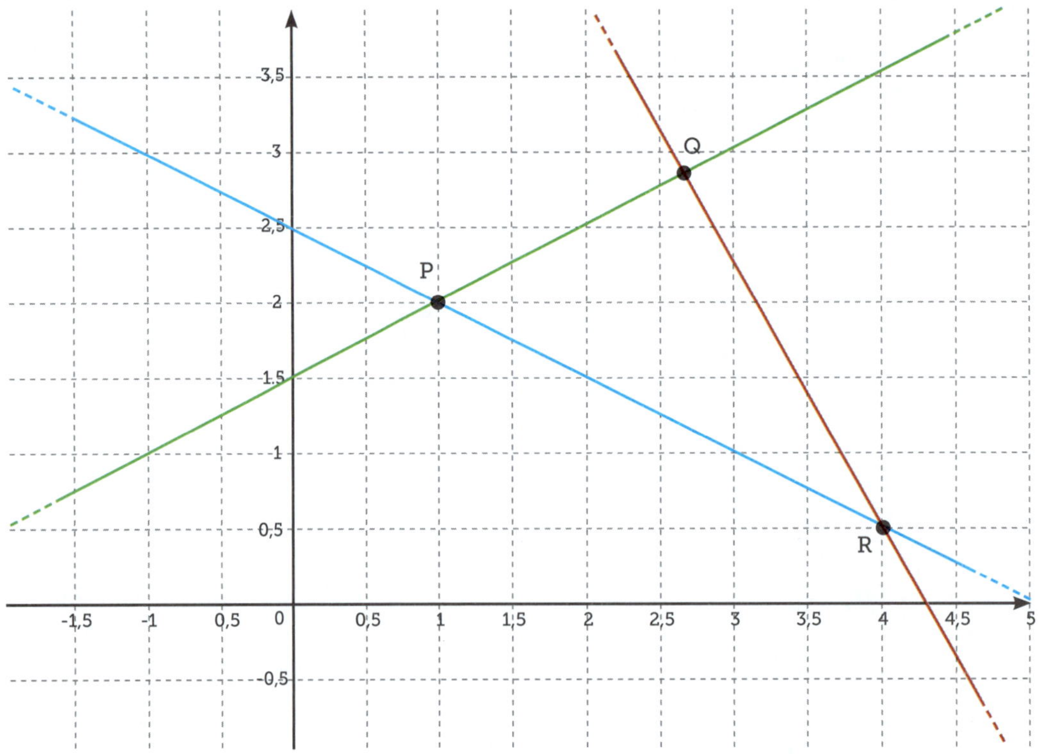

A) ❑ (4; 0,5)

B) ❑ (1; 2)

C) ❑ (3; 3)

D) ❑ non esiste intersezione tra le rette

18. Il trapezio si chiude sull'asse delle ascisse. Quali saranno le coordinate del punto B affinché l'area sia di $42u^2$?

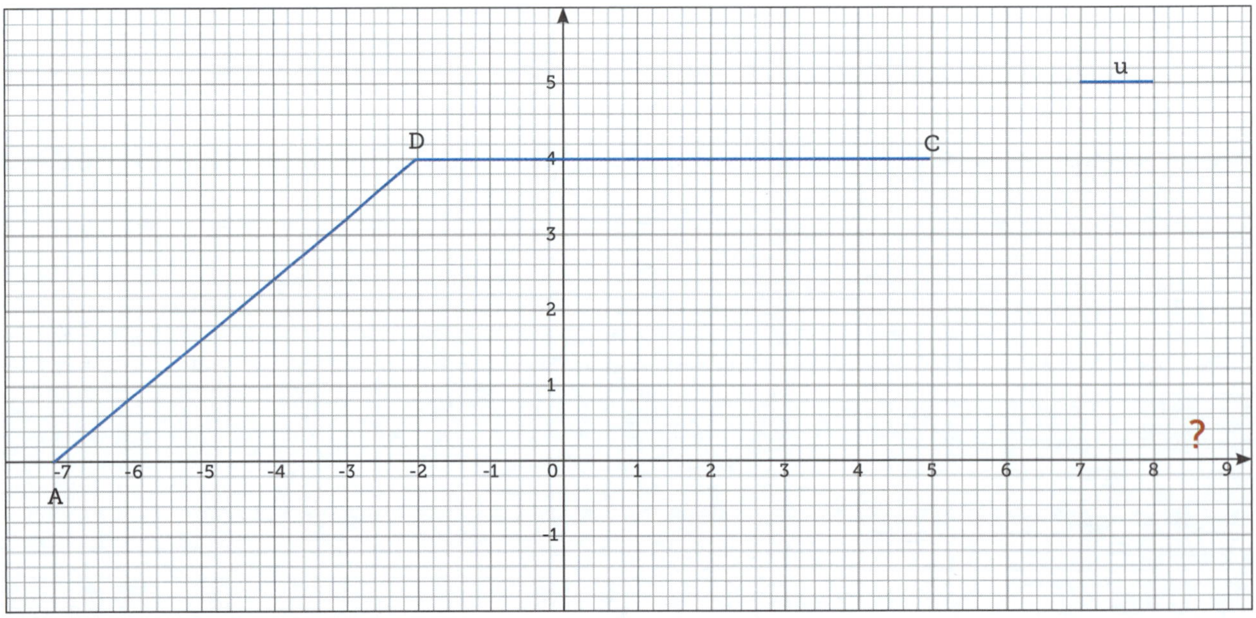

A) ❑ (14; 0)
B) ❑ (6; 0)
C) ❑ (7; 0)
D) ❑ (9; 0)

CONSIGLIO
Ricorda come si calcola l'area di un trapezio e rifletti su quale grandezza non conosci...
Ragionando... riuscirai di certo a trovare il punto B!

Che tipo di trapezio si ottiene?

Risposta ....

19. Nel riportare le equazioni delle parabole una è stata dimenticata. Quale potrebbe essere tra quelle elencate?

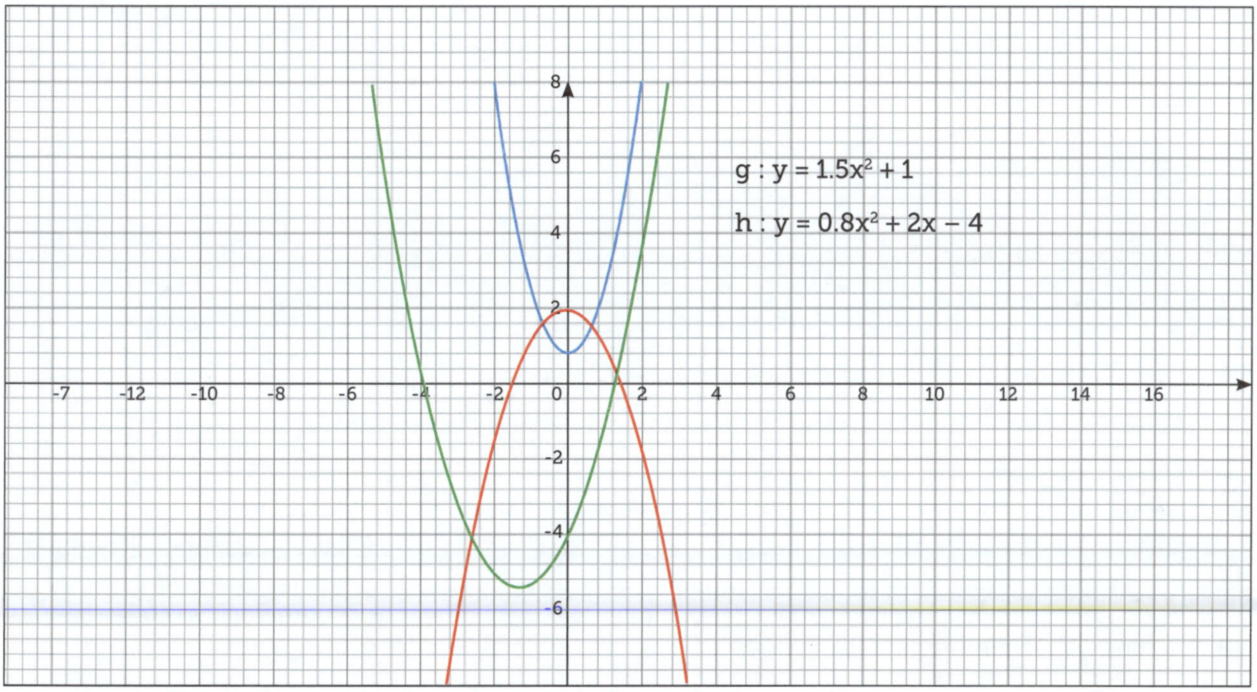

A) ❑ $y = x^2 + 2$
B) ❑ $y = 2x^2 + 2$
C) ❑ $y = 3x^2 - 1$
D) ❑ $y = -x^2 + 2$

RICORDA
Nell'equazione della parabola $y = ax^2 + bx + c$ il coefficiente a fornisce indicazioni sulla concavità della parabola!

20. Il grafico rappresenta l'iperbole xy = 4. Indica se ciascuna delle seguenti affermazioni è vera (V) o falsa (F).

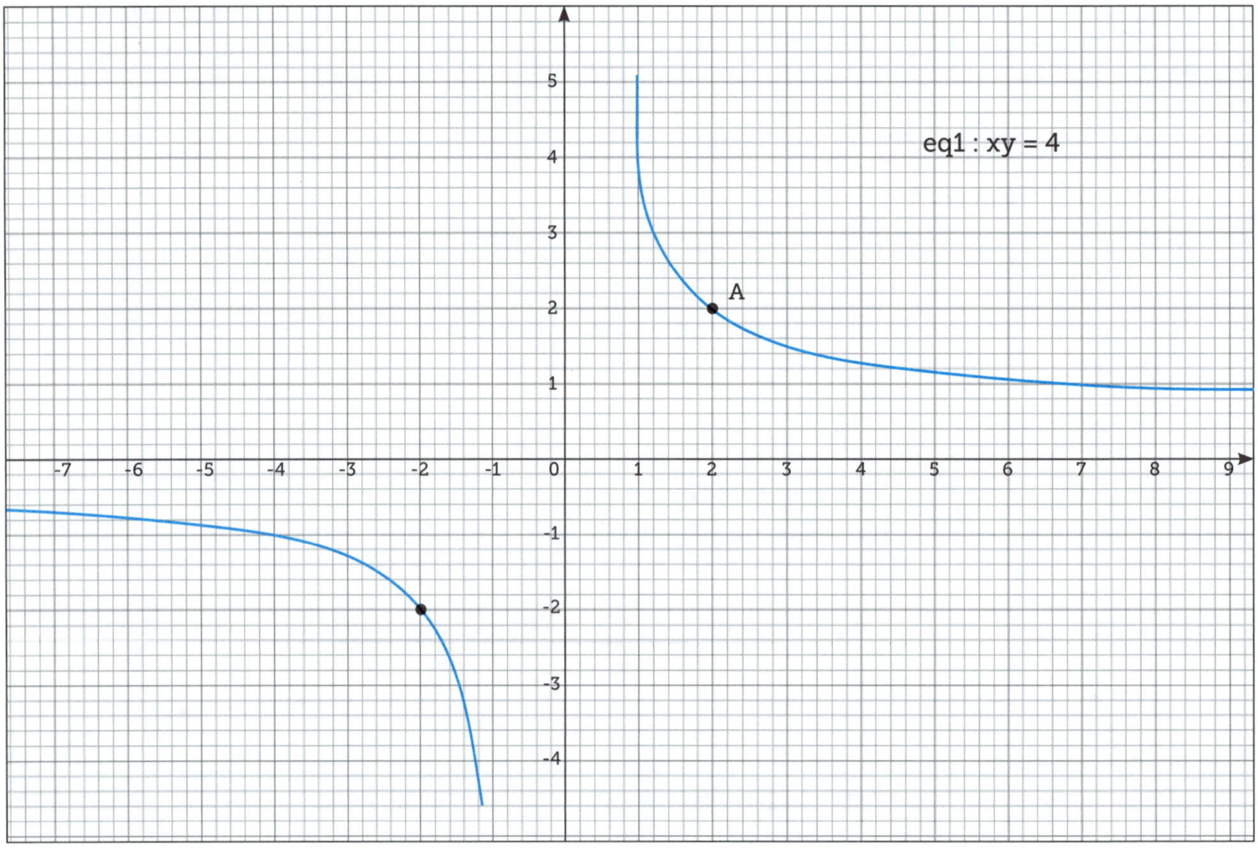

		Vero	Falso
A)	Nel piano cartesiano sono riportati due grafici diversi	❑	❑
B)	Il punto A ha come simmetrico A' (-2; -2) attraverso simmetria centrale	❑	❑
C)	L'iperbole occupa sempre i quadranti I e III	❑	❑
D)	Il punto (1; 4) appartiene all'iperbole	❑	❑

RICORDA
Nell'equazione dell'iperbole xy = k il coefficiente k può essere positivo o negativo.

PROVA 6

PROBABILITÀ E STATISTICA

1. La gara ciclistica si svolge su un circuito a tappe e in tabella sono riportate le lunghezze dei vari tratti del percorso. Quale sarà la media giornaliera dei chilometri da percorrere nei 12 giorni?

1° giorno	2° giorno	3° giorno	4° giorno	5° giorno	6° giorno
122 km	108 km	92 km	136 km	85 km	142 km
7° giorno	**8° giorno**	**9° giorno**	**10° giorno**	**11° giorno**	**12° giorno**
160 km	146 km	144 km	96 km	102 km	138 km

A) ❑ Inferiore a 90 km
B) ❑ Compresa tra 90 e 120 km
C) ❑ Superiore a 125 km
D) ❑ Nessuna delle precedenti

RICORDA
La *media aritmetica* di n numeri si calcola dividendo la loro somma per n.

2. Per il concorso di poesia e fotografia sono arrivati 56 elaborati, suddivisi nelle due categorie come descritto dalla seguente tabella:

Tipologia	Categoria Giovani	Categoria Adulti	TOTALE
Poesia	8	18	26
Fotografia	14	16	30
TOTALE	22	34	56

Qual è la probabilità che pescando una fotografia in modo casuale sia stata scattata da un adulto?

A) ❑ 46%
B) ❑ 87%
C) ❑ 53%
D) ❑ 28%

RICORDA
La *probabilità* si calcola con il rapporto tra casi favorevoli e casi possibili e si può esprimere anche sotto forma di percentuale.

Se al terzo e al secondo posto per il concorso "Poesia" si sono classificati due adulti, qual è la probabilità che al primo posto sia premiata una poesia della categoria "Giovani"?

A) ❑ 36%
B) ❑ 14%
C) ❑ 30%
D) ❑ 33%

3. **Lanciando due dadi qual è la probabilità che escano due numeri il cui prodotto sia multiplo di 3?**

CONSIGLIO
Rifletti su tutte le combinazioni possibili che si possono avere lanciando due dadi e poi, tra queste, considera quali soddisfano la condizione richiesta.

A) ❑ $\frac{2}{3}$
B) ❑ $\frac{5}{9}$
C) ❑ 0,25
D) ❑ 0,2

4. **Un'indagine sul numero di libri letti dagli alunni nell'ultimo anno ha dato i risultati riportati in tabella. Qual è stata la moda dei libri letti?**

n° alunni	n° libri
1	0
5	1
13	2
7	3

A) ❑ 1 libro
B) ❑ 2 libri
C) ❑ 3 libri
D) ❑ 1,5 libri

RICORDA
La *moda* di un insieme di dati è il valore o i valori che si sono verificati più frequentemente.

5. Il grafico sintetizza i risultati relativi al primo esame universitario di un certo numero di studenti. Controlla la correttezza delle affermazioni riportate.

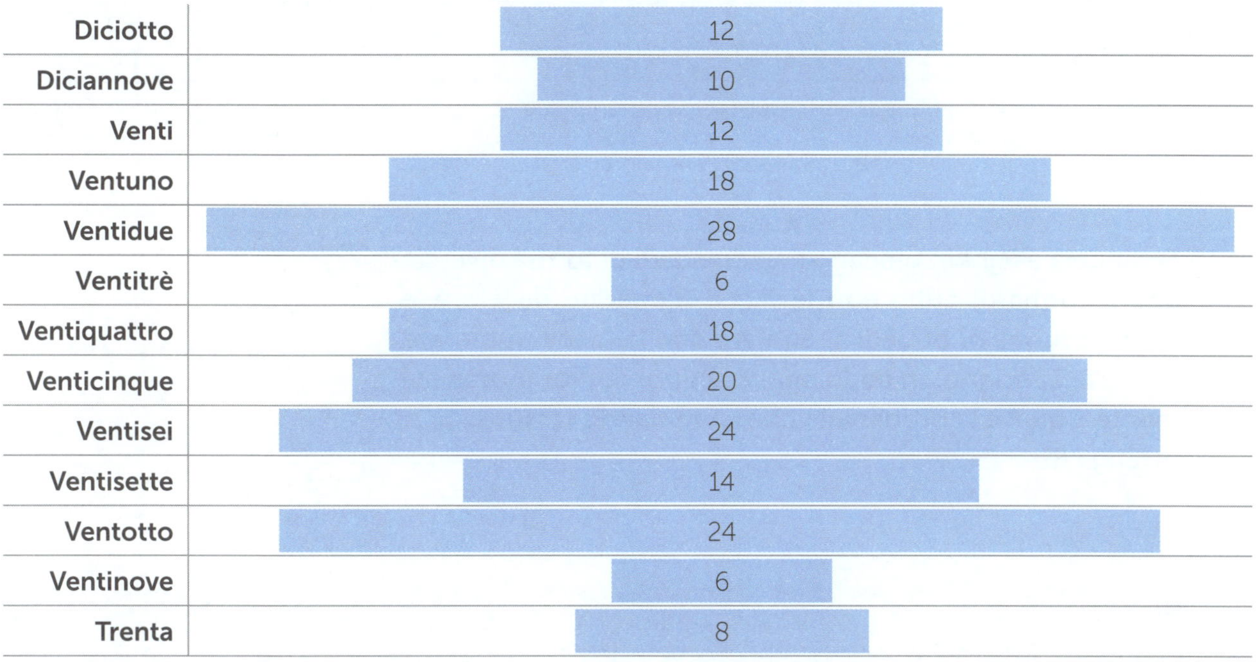

		Vero	Falso
A)	La moda dei dati è 28	❑	❑
B)	Solo il 4 % degli studenti ha raggiunto il voto massimo	❑	❑
C)	Il valore 0,06 rappresenta la "frequenza relativa" del dato "voto minimo"	❑	❑
D)	Più del 50% degli studenti ha superato il punteggio di 25	❑	❑

6. Da poco è terminato il campionato e in tabella è stata riportata la classifica delle realizzazioni degli attaccanti più forti.

Sapendo che  **= 4 goal, controlla le affermazioni statistiche riportate..... Forse qualcuna in modo improprio!!!**

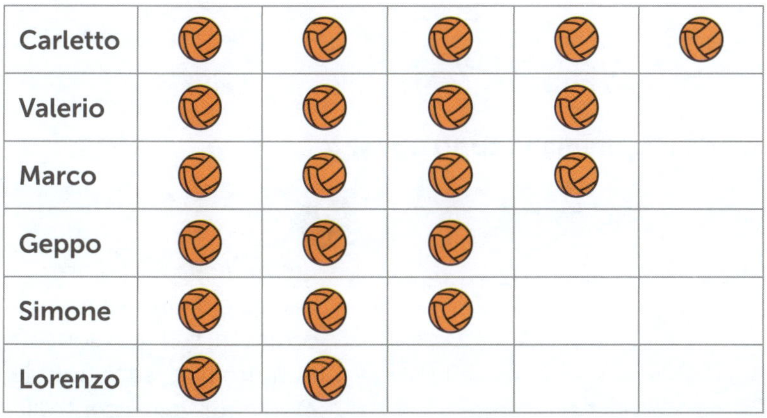

OSSERVA
Guarda attentamente il grafico e rifletti sul valore dei simboli!

		Vero	Falso
A)	Su quindici partite la media di realizzazione di Carletto è stata di circa 1,3 goal	❑	❑
B)	Marco ha giocato 14 partite e possiede la migliore media di realizzazione	❑	❑
C)	Lorenzo ha giocato 8 partite e ha superato la media di Marco	❑	❑
D)	Nessuno dei giocatori è riuscito a realizzare la media di 2 goal a partita	❑	❑

7. Emanuela e Miriam giocano con due dadi di forma diversa: uno a forma di cubo con le facce numerate da 1 a 6 e l'altro a forma di ottaedro regolare con le facce numerate da 1 a 8. Lanciano un dado per ciascuno, contemporaneamente... qual è la probabilità che, sommando i punteggi, si ottenga 8?

CONSIGLIO
Fai attenzione: quali sono le coppie di numeri che danno come somma 8?

A) ❑ $\frac{1}{12}$

B) ❑ $\frac{1}{8}$

C) ❑ $\frac{1}{6}$

D) ❑ $\frac{5}{48}$

8. Il grafico mostra i risultati della verifica di matematica in 3D. Qual è la media dei voti della classe?

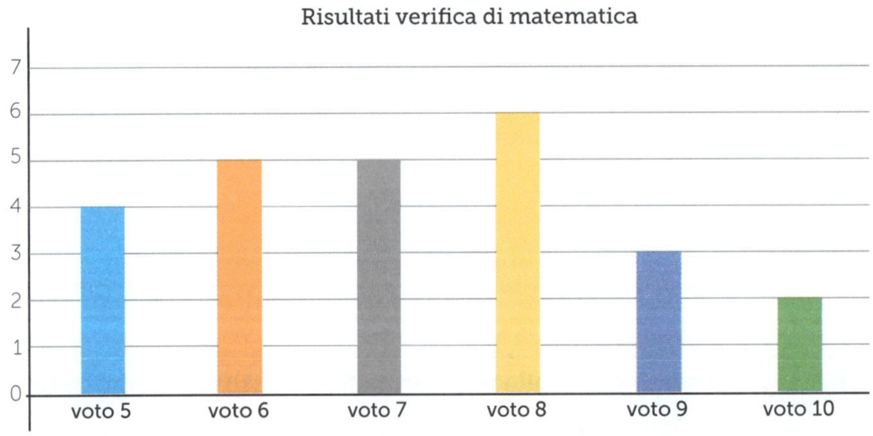

A) ❑ 7

B) ❑ 7,2

C) ❑ 7,5

D) ❑ 8

Possiamo affermare che la moda e la mediana sono uguali?

Si, perché	No, perché
❑ la moda e la mediana coincidono sempre ❑ i valori sono entrambi 8	❑ la moda è 8 e la mediana è 7 ❑ moda e mediana non possono mai coincidere

IMPORTANTE
La *mediana* è il valore centrale di una sequenza ordinata; se i dati sono in numero pari, sarà uguale alla media dei valori centrali.

9. I valori riportati in tabella rappresentano i risultati di una piccola indagine statistica effettuata in classe sui 21 alunni e le relative valutazioni effettuate. Verifica quanto affermato.

Paghetta settimanale per alunno

5€	6€	5€	6€	5€	7€	5€	4€	5€	10€	4€
4€	6€	5€	5€	10€	6€	4€	5€	6€	6€	

		Vero	Falso
A)	La media dei valori è superiore a 5,5	❑	❑
B)	Il valore che rappresenta la mediana è 7	❑	❑
C)	Il 10% degli alunni supera la somma di 5 €	❑	❑
D)	La moda dei valori è uguale a 5	❑	❑

10. Nella casella di Posta in Arrivo, ci sono 50 mail: la metà hanno mittenti salvati in rubrica, due quinti delle rimanenti sono proposte pubblicitarie e le restanti sono notifiche di consegna/ricezione del server di posta. Se Swami, dopo aver cancellato tutte le pubblicità, ne apre una a caso... qual è la probabilità che abbia aperto una mail di una persona presente tra i contatti?

A) ❑ 50%

B) ❑ 55%

C) ❑ Tra il 30% e il 40%

D) ❑ Più del 60%

11. La ruota della fortuna: si vince se, girando la ruota, si ferma su una lettera contenuta nel proprio nome!

Qual è la probabilità di vittoria per Anna?

A) ❑ $\frac{4}{8}$

B) ❑ $\frac{2}{4}$

C) ❑ $\frac{1}{4}$

D) ❑ $\frac{1}{8}$

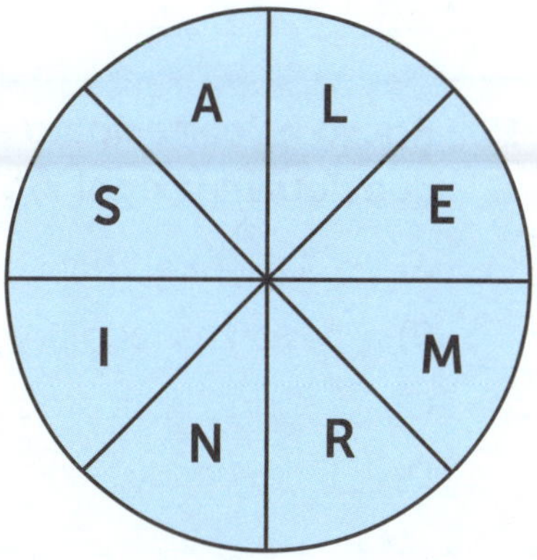

Stabilisci quali delle seguenti affermazioni sono vere:

		Vero	Falso
A)	Elena ha il 50% di probabilità di vincere	❑	❑
B)	Elsa ed Elisa hanno la stessa probabilità di vincere	❑	❑
C)	La probabilità che Serena vinca è meno del 60%	❑	❑
D)	Serena ed Elisa hanno la stessa probabilità di vincere	❑	❑

12. La media delle altezze tra me e il mio fratellino è di 164 cm. Se aggiungo anche l'altezza di mio padre la media sale a 168 cm. Rispetto a tale situazione cosa NON si può affermare?

A) ❑ Se la media aumenta il terzo valore sarà sicuramente maggiore dei primi due
B) ❑ La media la si può calcolare con una semplice equazione
C) ❑ L'altezza del papà è di 176 cm
D) ❑ Se l'altezza media aumenta di 4 cm il papà sarà più alto di almeno 8 cm

13. In classe il 40% degli alunni legge più di 3 libri in un anno. Di questi il 20% ne legge più di 5. A quale percentuale della classe corrispondono questi ultimi?

A) ❑ 15%
B) ❑ 2%
C) ❑ 10%
D) ❑ 8%

14. Camilla ha la media del 28 per i suoi primi sei esami mentre Beatrice, la sua compagna di studi, ha una media del 27, ma con un esame in meno. Potrebbe Beatrice eguagliare la media di Camilla con un voto alto nell'esame successivo?

Si, perché	**No, perché**
❑ con un voto compreso tra 27 e 29 ha la stessa media di Camilla	❑ nessun voto potrebbe portarla ad ottenere la media del 28
❑ con un 30 si ritrova anche lei la stessa media	❑ anche con un 30 la media non supera il 27

15. Rocco ha partecipato ad un test che prevedeva 40 domande rispondendo esattamente a due domande ogni 5. Verifica quale affermazione risulta sbagliata:

A) ❑ La percentuale di errore è stata del 60%
B) ❑ Non ha raggiunto il 50% di risposte esatte
C) ❑ Con 2 risposte su 5 ha ottenuto il 20% di risposte esatte
D) ❑ Le risposte esatte sono state 16 sul totale previsto

16. Monica e Oscar hanno un gettone ciascuno con disegnato su una faccia un triangolo e sull'altra un cerchio. Qual è la probabilità che, lanciando contemporaneamente i due gettoni, esca almeno un cerchio?

A) ❑ $\frac{1}{4}$

B) ❑ $\frac{1}{2}$

C) ❑ $\frac{3}{4}$

D) ❑ $\frac{2}{4}$

Sei d'accordo che la probabilità che non esca alcun triangolo sia $\frac{1}{2}$?

Si, perché	**No, perché**
❑ triangolo e cerchio hanno entrambi probabilità 1/2 di uscire	❑ non è possibile che non esca nemmeno un triangolo
❑ i casi favorevoli sono due su quattro, quindi 1/2	❑ c'è una sola possibilità su quattro che si verifichi: se escono due cerchi a entrambi i gettoni

17. Un'indagine statistica ha rilevato che il 70% degli studenti è stato in vacanza in una località di mare. Quale di queste tabelle di raccolta dati rappresenta correttamente tale situazione?

TABELLA A	
mare	80 alunni
montagna	22 alunni
città d'arte	11 alunni
nessuna vacanza	2 alunni

TABELLA B	
mare	36 alunni
montagna	56 alunni
città d'arte	21 alunni
nessuna vacanza	8 alunni

TABELLA C	
mare	140 alunni
montagna	40 alunni
città d'arte	16 alunni
nessuna vacanza	4 alunni

TABELLA D	
mare	54 alunni
montagna	45 alunni
città d'arte	18 alunni
nessuna vacanza	1 alunni

A) ❑ Tabella A
B) ❑ Tabella B
C) ❑ Tabella C
D) ❑ Tabella D

CONSIGLIO
Qual è il numero totale degli alunni intervistati?

18. Piero ha raccolto i dati relativi alle Olimpiadi dal 2000 ad oggi rappresentandoli in un grafico.

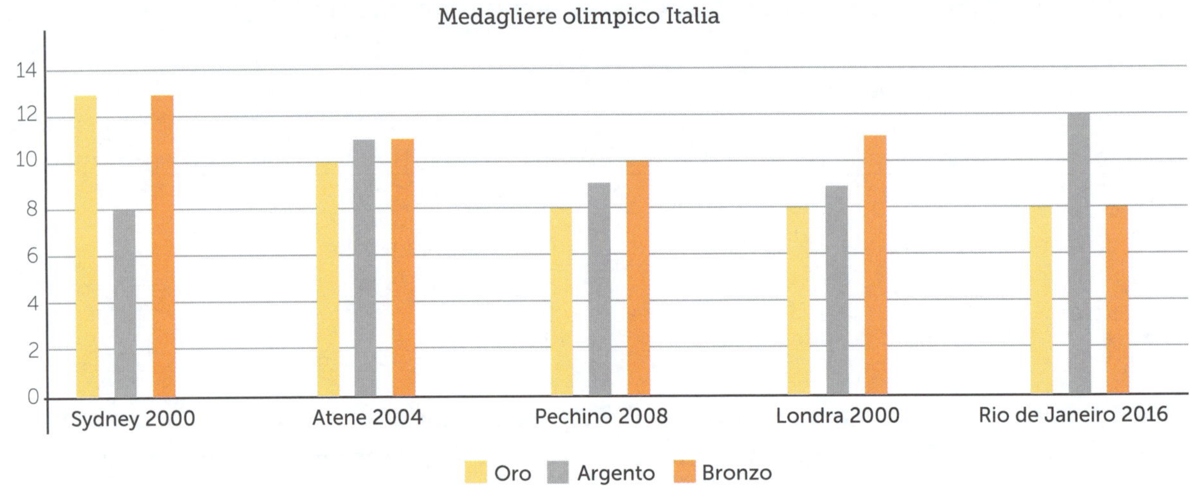

Dall'analisi del grafico risulta che la moda dei valori è uguale a:

A) ❏ 8
B) ❏ 10
C) ❏ 11
D) ❏ 13

19. Per ogni atleta si scarta il lancio peggiore. Chi ha vinto la gara e con quale media?

	1° lancio	2° lancio	3° lancio	4° lancio	5° lancio	media
Bernard	64,2 m	68,1 m	70,8 m	66,7m	68,9 m	....
Durand	61,4 m	62,6 m	70,8 m	68,4 m	61,2 m	....
Moreau	70,4 m	66,1 m	72,6 m	65,6 m	68,4 m	....
Laurent	60,5 m	66,8 m	63,1 m	67,5 m	61,2 m	....
Fournier	68,7 m	69,1 m	63,7 m	61,8 m	72,2 m	....

A) ❏ Laurent
B) ❏ Moreau
C) ❏ Durand
D) ❏ Bernard

20. Una indagine fatta in classe ha stabilito che in famiglia ci sono in media 4 cellulari. Quale affermazione risulta sicuramente scorretta?

A) ❏ In tutte le famiglie ci sono 4 cellulari
B) ❏ In una famiglia ci può anche essere un numero dispari di cellulari
C) ❏ In tutte le famiglie ci sono cellulari
D) ❏ In qualche famiglia ci può essere un numero di cellulari superiore alla media

PROVA 7

LOGICA

«Che cosa tiene insieme ***matematica e gioco****? Non sembra immediato il loro legame; anche perché la matematica è spesso presentata come arcigna e distante da ogni attività giocosa. Eppure, ogni gioco richiede la conoscenza di dati, l'analisi della situazione, l'elaborazione di una strategia, l'attenersi scrupolosamente alle regole stabilite. Proprio come risolvere un problema matematico. Matematica e gioco hanno, quindi, in comune la necessità di elaborare un percorso, un procedimento, una tattica, a partire da ciò che si conosce, per raggiungere un risultato: vincere la partita o, nel caso matematico, giungere alla soluzione».*

da... Treccani online

L'idea di inserire quesiti di Logica si lega a quella portante di tutto il testo: lo "**sviluppo del pensiero creativo**" attraverso l'organizzazione delle conoscenze e la ricerca di soluzioni basando il ragionamento su punti di vista differenti.
Nell'ambito delle normali attività didattiche, oggi, si punta spesso sui **giochi matematici** e sempre più sul loro utilizzo per rendere il percorso di studio meno tedioso e vario.
Proponiamo, a corredo di questo lavoro di preparazione per l'Esame di Stato conclusivo del primo ciclo, una breve raccolta di quesiti per i quali conoscenze di contenuti e abilità di pensiero verranno messi continuamente in "gioco".

COME SI LEGGE UN TESTO

In classe di Ubaldo ci sono 24 alunni e Ubaldo è il diciottesimo in elenco. Oggi interrogazione di Matematica con il prof. Math... e tutti sono preoccupati!!!
Se anche oggi il prof se ne uscirà con la sua solita affermazione: "*Interrogo uno tra quelli in elenco il cui numero progressivo corrisponda a $n + 2$, oppure a $n - 3$, oppure a $n - 5$, con n numero primo entro il 24*", quante sono le possibilità che Ubaldo sia interrogato???

A) ❑ meno del 6%

B) ❑ più del 10%

C) ❑ tra il 15% e il 20%

D) ❑ non verrà interrogato

Evidenziamo i dati utili per lo svolgimento

In classe di Ubaldo ci sono **24** alunni e Ubaldo è il **diciottesimo** in elenco. Oggi interrogazione di Matematica con il prof. Math... e tutti sono preoccupati!!!
Se anche oggi il prof se ne uscirà con la sua solita affermazione: "*Interrogo uno tra quelli in elenco il cui* ***numero progressivo*** *corrisponda a* ***n + 2****, oppure a* ***n – 3****, oppure a* ***n – 5****, con* ***n numero primo entro il 24***", quante sono le possibilità che Ubaldo sia interrogato?

Controlliamo le nostre conoscenze

a. Cos'è una numerazione progressiva?
b. Cos'è un numero primo?

COME SI AFFRONTA LO SVOLGIMENTO

Gli alunni sono 24. Elenchiamo i numeri primi fino a 23... e in tabella inseriamo i valori come da indicazione del prof (n + 2, n – 3, n – 5).

numeri primi	2	3	5	7	11	13	17	19	23
n + 2	4	5	7	9	13	15	19	21	25
n – 3	– 1	0	2	4	8	10	14	16	20
n – 5	– 3	– 2	0	2	6	8	12	14	18

Tra tutti i valori, evidenziamo quelli utili, scartando gli altri perché non sono nell'elenco progressivo della classe o perché ripetuti.

COME SCEGLIERE LA SOLUZIONE

1. Il prof. Math può scegliere tra 17 alunni (numeri nelle caselle verdi).
2. Il numero di Ubaldo è 18.
3. La probabilità che Ubaldo venga chiamato è $\frac{1}{17}$.
4. La probabilità espressa in percentuale è $\frac{1}{17} \cdot 100 = 5{,}88\ \%$.
5. La risposta corretta è la A.

ORA PROVA TU!!!

1. Quanto vale in simboli un triangolo?

A) ❑ Cerchio + Quadrato
B) ❑ Cerchio – Triangolo
C) ❑ Quadrato – Cerchio
D) ❑ Cerchio – Quadrato

2. *Adrien*, *Bertrand*, *Claude*, *Dominic* due anni fa erano alti rispettivamente 164 cm, 172 cm, 170 cm e 166 cm. Se oggi *Adrien* supera *Bertrand* di 2 cm, *Dominic* supera *Claude* di 4 cm e la somma delle altezze di *Bertrand* e *Claude* è di 360 cm, con *Claude* più basso di soli 4 cm, di quanto è cambiata la media delle altezze in soli due anni?

A) ❑ 11,5 cm
B) ❑ 12 cm
C) ❑ 13,5 cm
D) ❑ 10 cm

3. In che giorno e a che ora la prossima lezione, prof? Ma il mio insegnante, anche nelle risposte semplici, gioca con la logica: "Sono le 18:30 ed è mercoledì...ci vediamo tra i 15/6 di un *"giorno"* a cui aggiungi la ventunesima parte di una settimana...Mi raccomando la puntualità!!!" In che giorno e a quale ora mi ha dato appuntamento?

4. La gara è tra due formichine: *Onestina* e *Furbichina*... La prima corre a velocità costante di 0,025 km/s, la seconda, sempre a velocità costante, a 0,020 km/s. Il percorso di gara è quello in figura, formato dai tratti AB, BC, CD, DA. Onestina pensa solo a riscaldarsi per la gara, Furbichina studia il percorso per rimediare alla sua lentezza. Riuscirà Furbichina a tagliare per prima il traguardo sfruttando il sentiero CA dopo aver percorso i tratti AB e BC?

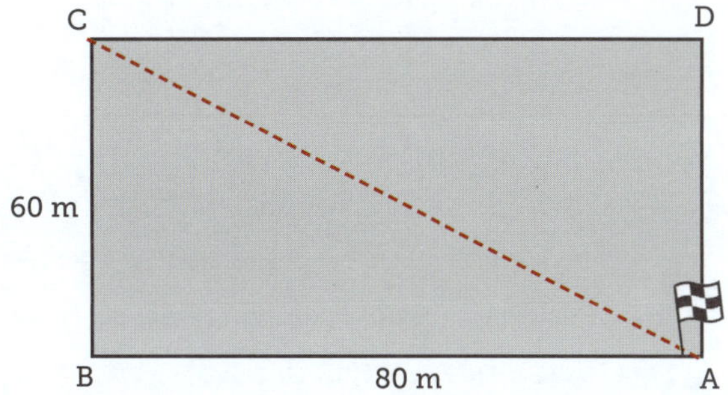

5. Sto cercando di reclutare i componenti per una mia band tra gli amici. So che Archibald non suona la chitarra, né la batteria. Barney, invece, non suona le tastiere né la batteria. Solo Chelsey ha una bella voce... almeno quella... e Desmond non canta e non suona la chitarra. Io suono benissimo il sax. Quale potrebbe essere una possibile suddivisione degli strumenti?

6. Zio Geppo mi ha dato come compito quello di rimescolare le cifre da 0 a 9 per ottenere il numero più grande possibile. E detta così sembra facile se non fosse che il numero che mio zio mi chiede deve essere anche divisibile per 2, 3, 4, 5, 6, 9, 10, 11!!

7. Distesa al sole al mare... Cosa poteva sperare di più la bella Nicole?!? Solo un languorino la distrae dalla sua serenità.... Meno male che il pranzo è vicino. Guardando l'orologio si accorge che le cifre sono disposte in modo regolare, tutte consecutive. Sai dire tra quanti minuti accadrà la stessa cosa? *(N.B. L'orologio di Nicole indica le ore sedici con: 16:00)*

8. **Quytw 3ZW**, il mio amico extraterrestre, vive in un pianeta con le stesse caratteristiche della Terra, anche se i mesi sono disposti esattamente al contrario. Oggi mi ha detto: *"Verrò a trovarti a settembre e andrò via a marzo"*!!!
In quale mese verrà a trovarmi e in quale partirà?

9. Appena letto il numero della sua stanza, il prof Math inizia la sua riflessione: *"il numero 112 è particolare...la cifra centrale è unità e decina rispettivamente di due numeri consecutivi, il primo precedente del secondo (11 e 12)"*.
Quanti altri numeri di tre cifre rispondono a questa caratteristica?

10. Al ristorante ci sono 4 amici (Armando, Silvano, Marco e Saverio) con le loro figlie (Alice, Marcella, Silvia e Sofia). Sai individuare le coppie padre – figlia attraverso le indicazioni fornite?

- Nessun papà ha l'iniziale del nome uguale a quello della figlia
- Alice non è figlia di Silvano
- Armando non è il papà di Sofia

11. Elide ha sempre una risposta pronta! Anche per la sua compagna di banco, sempre curiosa, che le ha chiesto le età di tutti i componenti della sua famiglia:

- per mio fratello la cifra delle unità è uguale a 2;
- la mia età ha le cifre delle unità e delle decine invertite rispetto a quelle di mio fratello;
- l'età della mia mamma è il quadruplo di quella di mio fratello meno 4;
- l'età del mio papà supera di 3 unità quella della mamma.

Se aggiungo che la somma di tutti gli anni è 124... puoi anche calcolare tutto tu!!!

12. Il mio amico Philippe è un tipo bizzarro, stravagante e pieno di soldi!!! Pensa che quando va al ristorante lascia sempre una mancia uguale alla prima cifra del conto più 2€ se il conto è inferiore a 100€ oppure alle due prime cifre del conto più 5€ se il conto è superiore a 100€. In questa settimana siamo stati a pranzo insieme tre volte, con altri tre amici, e ha pagato lui... come sempre: 686€ in tutto con somme che erano la prima il doppio della seconda e la terza la quarta parte della prima. Quanto ha lasciato di mancia in totale?

13. Soliti discorsi strani tra matematici!!!

"Quanti scalini hai contato ieri per arrivare in fondo???", dice Otto.

"Calcola velocemente", risponde Hans. "È un numero palindromo di tre cifre; la somma di queste è 7 e se sottrai due di queste dal più grande ottieni 3".

Quale sarà questo numero particolare?

14. Ascanio è particolarmente superstizioso: non solo non salirebbe su un treno nelle carrozze n° 13 e 17, ma neppure su quelle che le affiancano e neanche su quelle contrassegnate da numeri contenenti queste cifre!! Il treno che sta per prendere oggi è formato da 18 vagoni. Quante carrozze al massimo può richiedere nella sua prenotazione?

15. Nel paese di BUGIVERI ci sono due tipologie di persone: quelli che dicono solo verità e quelli che dicono solo bugie.

Oggi.... *Bugiolo*, che dice solo bugie, è stato avvicinato da *Onestolo*, che dice solo verità, per avere notizie dell'esame.

Il papà di Bugiolo, ascoltando la conversazione è riuscito a capire il voto finale:

O: hai fatto l'esame?

B: No... non c'era l'insegnante.

O: Lo hai superato con un voto superiore a 28?

B: Si, era facile.

O: Il voto, allora, era inferiore a 25?

B: Si, non sono stato fortunato. Mi ha chiesto argomenti che non conoscevo!

O: Allora era superiore a 27?

B: No... ti ho appena detto che è stato difficile!!!

Qual è stato il voto che Bugiolo ha ottenuto?

16. Tommaso non si è accorto di avere un buco nella tasca dello zaino, né ha visto le 6 monete cadere. Al momento di pagare il biglietto da 5,00€ si è accorto che aveva solo una moneta da 0,05€ dei 5€ che la mamma gli aveva dato.

Sai dire quali monete ha perso Tommaso?

17. "Mi dica prof. Math... quanti anni compie suo figlio"?

"Le dirò.....se viene in auto con me non posso farlo guidare ancora... se moltiplico la sua età per 4 o per 7 ottengo dei valori con cifre la cui somma è uguale alla sua età, se moltiplico per 5 ottengo un numero in cui la somma delle cifre è uguale alla metà del valore cercato".

18. Di ritorno da una riunione di illustri matematici, il prof Math ci propone il seguente quesito:

"Eravamo disposti in cerchio e tutti noi avremmo dovuto fare un intervento per spiegare la nostra opinione sulle recenti scoperte nell'ambito della geometria. La regola scelta per intervenire era la seguente: partire da uno di noi, saltarne tre e via di seguito.

Sapendo che:

1. Io ero alla destra di chi ha iniziato

2. Nel primo giro hanno parlato quattro matematici

3. Io ho concluso il terzo giro

Quanti erano i partecipanti alla riunione?"

19. Togli solo tre cifre: solo pari o solo dispari ... e tutto si azzera!!!

(75 + 18) – (50 + 13) – (64 + 54) = 0

---

20. "La statistica della partita, fatta dal prof. Math, è sempre particolare"!!!

1. Alcide ha realizzato solo canestri da 3 punti;
2. Bartolo ha realizzato solo canestri da 2 punti;
3. Camillo ha realizzato solo canestri da 1 punto.

Da soli i tre giocatori hanno realizzato tutti i punti squadra e ne sono usciti vittoriosi 84 a 80.
Se Alcide ha fatto tre canestri meno di Bartolo e questi 3 canestri meno di Camillo, quanti ne hanno fatti a testa?

PROVA 8

CODING E PENSIERO COMPUTAZIONALE

Nelle Indicazioni nazionali per il curriculo del primo ciclo di istruzione tra gli strumenti culturali per la cittadinanza è individuato il **pensiero computazionale** inteso come *"un processo mentale che consente di risolvere problemi di varia natura seguendo metodi e strumenti specifici pianificando una strategia. È un processo logico creativo che, più o meno consapevolmente, viene messo in atto nella vita quotidiana per affrontare e risolvere problemi."*

Perché esercitarsi con il **CODING**?
Le strategie di problem solving sono alla base della programmazione dei computer e dei robot, che hanno bisogno di istruzioni precise e strutturate per svolgere le azioni che vengono richieste. In questa sezione del testo, ti proponiamo una serie di quesiti che ti aiuteranno a sviluppare competenze logiche e capacità di problem solving in modo creativo, attraverso la programmazione (coding) in un contesto di "gioco".

"Tutti in questo paese dovrebbero imparare come si programma un computer... perché ti insegna come pensare!"

Steve Jobs

Nelle prossime pagine avrai bisogno di tre semplici comandi:

VAI AVANTI ➤
Il Robot si sposta di un passo avanti, nella direzione in cui è rivolto

GIRA a DESTRA ↷
Il Robot ruota su se stesso di 90° verso destra, restando nel punto in cui si trova

GIRA a SINISTRA ↶
Il Robot ruota su se stesso di 90° verso sinistra, restando nel punto in cui si trova

Tutto qua! Se hai le idee chiare su ciò che bisogna fare, sarai anche in grado, con semplici istruzioni, di programmare un robot e fargli eseguire i tuoi comandi.

Saper programmare ti aiuterà a pensare ragionando e soprattutto ad imparare come si impara!

Cominciamo insieme e vediamo qualche consiglio utile per risolvere i quesiti!

SmileBot esegue questa sequenza di istruzioni:

VAI AVANTI – VAI AVANTI – GIRA a SINISTRA – VAI AVANTI – GIRA a DESTRA – VAI AVANTI

In che punto arriva il Robot?

- ❑ casella A
- ❑ casella B
- ❑ casella C
- ❑ casella D

Prima di tutto osserviamo che per creare un percorso basta realizzare una griglia (scacchiera) in cui il robot potrà muoversi: ogni casella può essere indicata con un nome, come in questo caso, o identificata con due coordinate.

Iniziamo a far muovere il robot!

VAI AVANTI ➤ il Robot esegue l'istruzione e si sposta avanti di una casella

Attenzione: nel nostro caso "scende" di una casella, perché SmileBot sta guardando verso il basso

L'istruzione successiva, ancora **VAI AVANTI**, lo farà spostare di un'altra casella.
Il nostro SmileBot adesso si troverà qui:

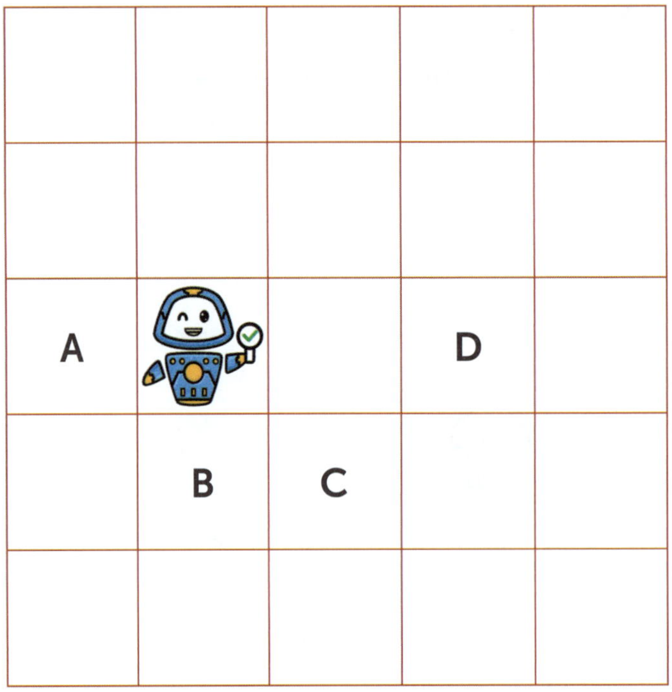

La prossima istruzione ci invita a riflettere!

IMPORTANTE
Le istruzioni GIRA a DESTRA e GIRA a SINISTRA non corrispondono ad uno spostamento nella direzione destra o sinistra, ma danno il comando di far ruotare sul posto di 90°, verso destra o verso sinistra.

GIRA a SINISTRA: farà ruotare *SmileBot* verso la sua sinistra e il nostro robot si troverà adesso in questa posizione, ma sempre nella stessa casella:

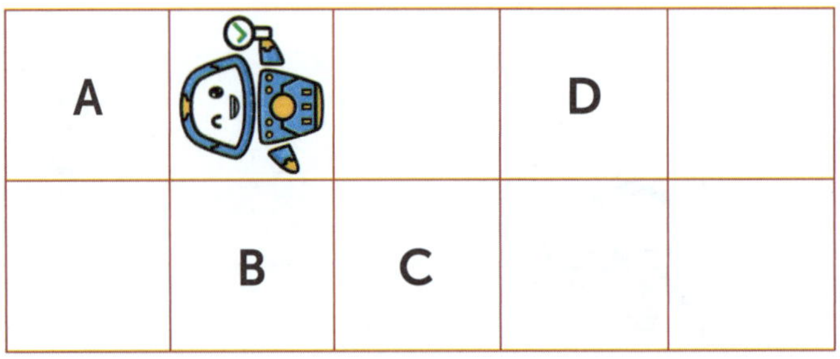

A questo punto, con l'istruzione **VAI AVANTI** il Robot farà un passo avanti

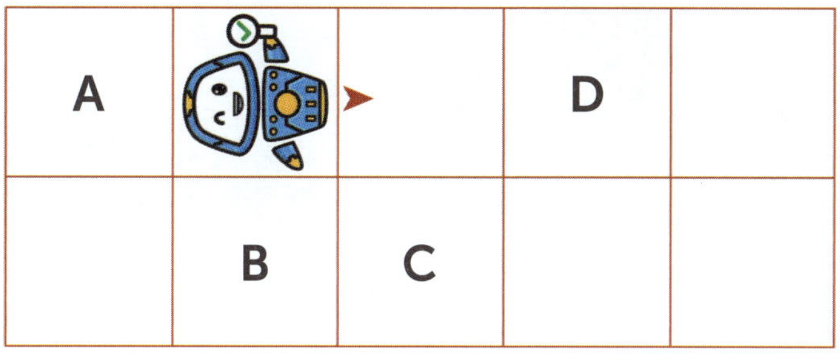

e si sposterà nella casella successiva:

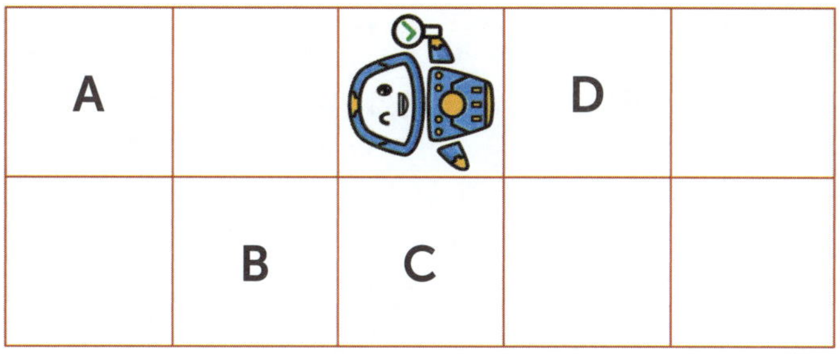

OSSERVA

Per eseguire i comandi richiesti devi metterti nei panni del Robot, ragionare dal suo "punto di vista"! Anche quando devi programmare delle istruzioni, devi sempre immaginarti al posto dell'oggetto che dovrà muoversi.

L'istruzione **GIRA a DESTRA** farà ruotare il Robot su se stesso, verso la sua destra, restando nella casella in cui già si trova:

Riesci a questo punto a capire l'ultima istruzione **VAI AVANTI** dove porterà il nostro Robot?

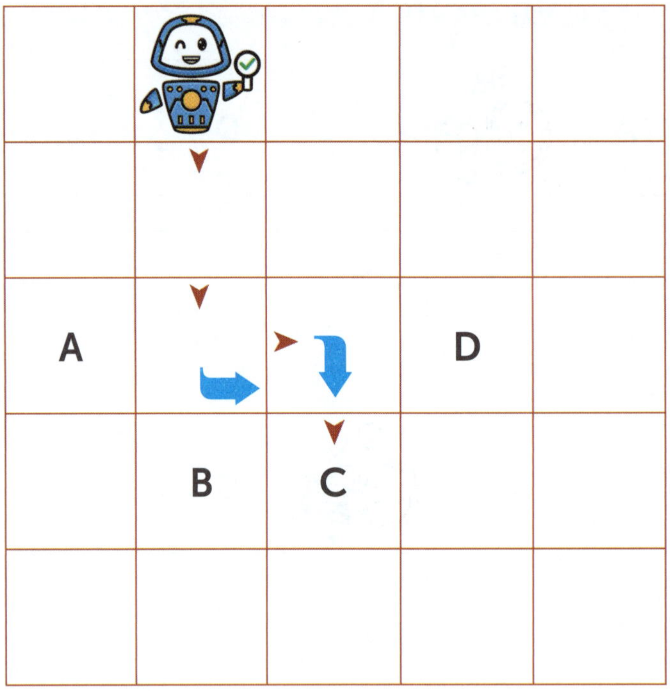

Giusto! La risposta esatta è la **casella C**.

ADESSO TOCCA a TE!

1. SummerBot risponde alle tre istruzioni:
VAI AVANTI (fa un passo avanti), **GIRA a DESTRA** (si volta alla sua destra, restando sul posto) e **GIRA a SINISTRA** (si volta alla sua sinistra, restando sul posto).

Vuole raggiungere il mare: quale sequenza di istruzioni è quella corretta?

RICORDA
le istruzioni NON vanno date a partire dal tuo "punto di vista" di osservatore esterno, ma da quello del robot che esegue i comandi!

- ❑ GIRA a DESTRA – VAI AVANTI – VAI AVANTI – GIRA a DESTRA – VAI AVANTI
- ❑ VAI AVANTI – VAI AVANTI – GIRA a DESTRA – VAI AVANTI – GIRA a SINISTRA
- ❑ GIRA a DESTRA – VAI AVANTI – VAI AVANTI – GIRA a SINISTRA – VAI AVANTI – VAI AVANTI
- ❑ VAI AVANTI – VAI AVANTI – GIRA a DESTRA – VAI AVANTI – GIRA a SINISTRA – VAI AVANTI

2. Raccolta differenziata: aiuta la mamma a gettare i rifiuti nel contenitore giusto!

Quali sono le indicazioni da poter utilizzare tra quelle proposte?

- ❑ → → ↓ ← ↓ ↓
- ❑ ↑ → → → → ↓ ↓ ↓ ↓
- ❑ → ↓ → ↓ → ↓
- ❑ → ↓ → → ↓

ATTENZIONE
qui le frecce delle istruzioni indicano proprio uno "spostamento" nella casella in alto, in basso, a destra o a sinistra.

3. L'istruzione mancante! La mamma si diverte a dare una simpatica "lista della spesa" a Luca. Vuole che compri il latte... quale indicazione manca alla sequenza:

↑ ↑ ↶ ↑ ↷ ↑ .... ?

- ❑ ↶ ↑
- ❑ ↶
- ❑ ↷ ↑
- ❑ ↑ ↑

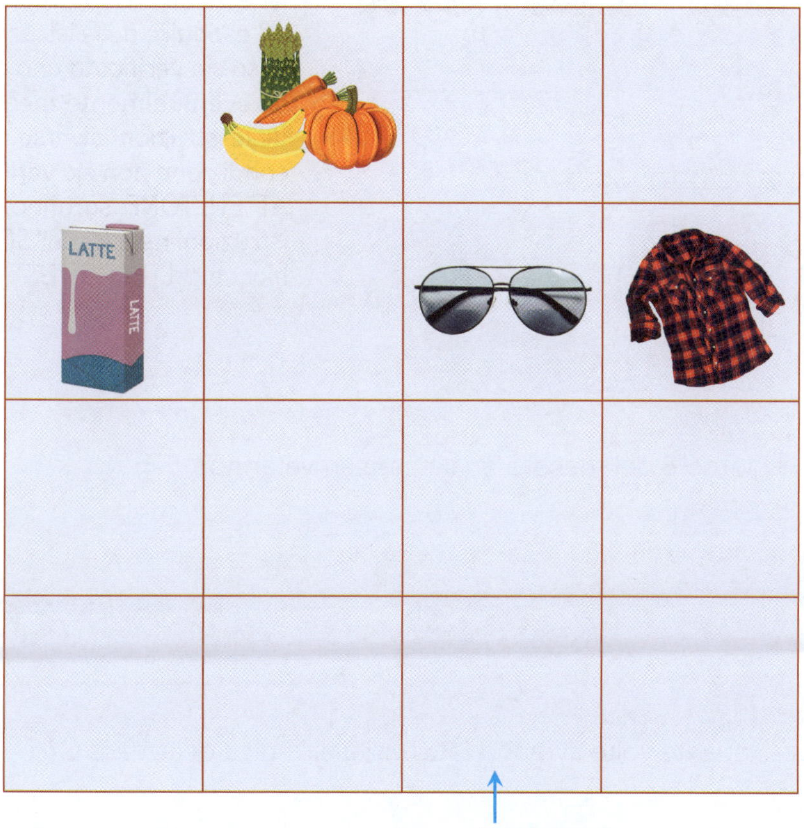

Luca si trova qui

(all'ingresso del supermercato)

4. Liliana e Maria ogni giorno vanno a far visita a quattro amiche e scelgono la destinazione in modo "casuale", a seconda di quale giorno del mese è.

- al primo bivio: SE il giorno è un numero pari scelgono di andare a DESTRA, ALTRIMENTI voltano a SINISTRA;
- al secondo bivio: SE il giorno è un numero primo scelgono di andare a DESTRA, ALTRIMENTI voltano a SINISTRA.

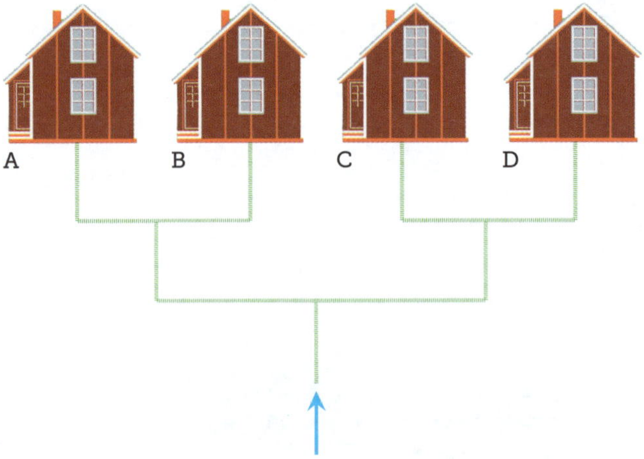

SE... ALLORA... ALTRIMENTI
Questa struttura di controllo serve ad eseguire delle istruzioni solo nel caso sia verificata una condizione ed eventualmente specificare delle istruzioni diverse nel caso la condizione non sia verificata
ATTENZIONE: saranno eseguite le istruzioni nel blocco "SE" o quelle nel blocco "ALTRIMENTI".

Così facendo, il giorno 8 del mese, a quale casa arriveranno?

- ❑ casa A
- ❑ casa B
- ❑ casa C
- ❑ casa D

E il 15 del mese... quante volte avranno fatto visita all'amica della casa C?

- ❑ una volta
- ❑ sei volte
- ❑ sette volte
- ❑ non si può stabilire

In un mese quante volte visiteranno la casa D?

Risposta: ....

Motiva la tua risposta: ....

5. Se Alex fa 2 passi avanti, si volta alla sua sinistra, poi continua con tre passi in avanti e completa il percorso voltandosi sulla sua destra e facendo un solo passo in avanti.

In che punto si troverà?

	1	**2**	**3**	**4**	**5**
A					
B					
C					
D					
E					

Indica le coordinate corrette:

- ❑ (4; B)
- ❑ (4; A)
- ❑ (5; B)
- ❑ (5; C)

RICORDA
lo spazio in cui si muovono gli oggetti programmabili è rappresentato come un sistema di assi cartesiani: la posizione dell'oggetto è data dalle sue coordinate (x, y).

6. Quali valori possono assumere le variabili V_x e V_y per far scendere l'oggetto in verticale di 200 unità?

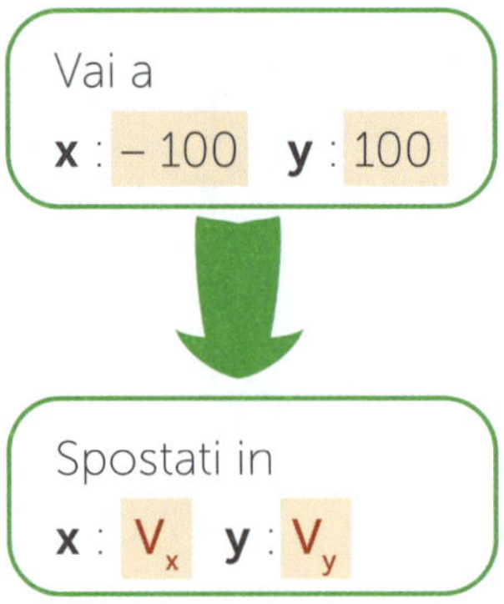

- ❑ V_x = -100 e V_y = -200
- ❑ V_x = 100 e V_y = -100
- ❑ V_x = 200 e V_y = 100
- ❑ V_x = -100 e V_y = -100

7. Giro in barca!

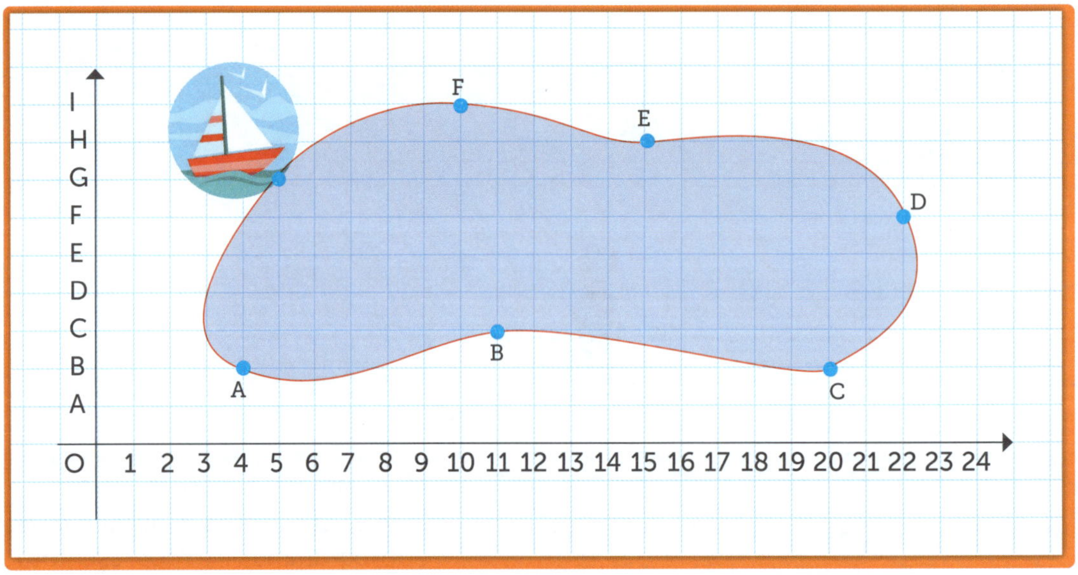

La barca parte dal punto (5, G) e segue queste indicazioni, facendo tre soste:

- 5 - Est ➤ 2 - Nord ➤ **Prima sosta**
- 4 - Sud ➤ 10 - Est ➤ 3 - Sud ➤ **Seconda sosta**
- 1 - Nord ➤ 4 - Ovest ➤ 2 - Nord ➤ 5 - Ovest ➤ 2 - Sud ➤ **Terza sosta**

...quali sono i punti della costa in cui attracca per sostare?

❑ F, C, D ❑ F, C, E

❑ F, C, B ❑ F, E, B

Partendo dall'ultimo punto in cui si ferma, quali indicazioni sono necessarie per arrivare al punto A?

....

8. Gara di velocità!

Sabrina e Alberto posizionano i loro robot come mostrato in figura ed eseguono i comandi.

AVANTI – AVANTI – GIRA a DESTRA – AVANTI – GIRA a SINISTRA – AVANTI

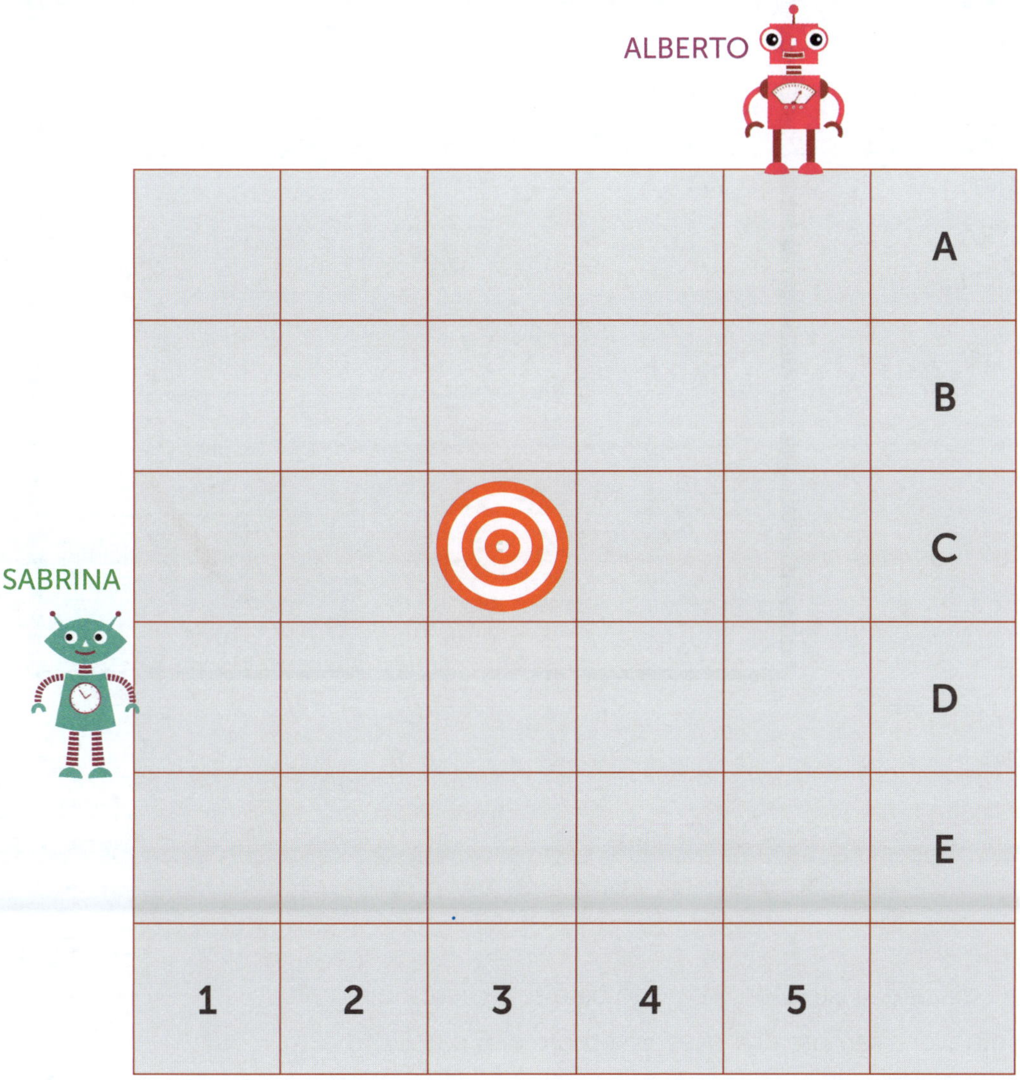

Chi dei due arriverà più vicino al bersaglio?

- ❏ Arriveranno insieme perché eseguono le stesse istruzioni
- ❏ Nessuno dei due poiché le istruzioni li portano fuori dal percorso
- ❏ Sabrina
- ❏ Alberto

Scrivi le coordinate dei punti di arrivo dei due ragazzi:

Sabrina: .... Alberto: ....

9. Angelica traccia con la matita il percorso seguendo le indicazioni date.

Quale figura geometrica ottiene?

GIRA A SINISTRA
6 PASSI AVANTI
GIRA A DESTRA
4 PASSI AVANTI
GIRA A DESTRA
6 PASSI AVANTI
GIRA A DESTRA
4 PASSI AVANTI

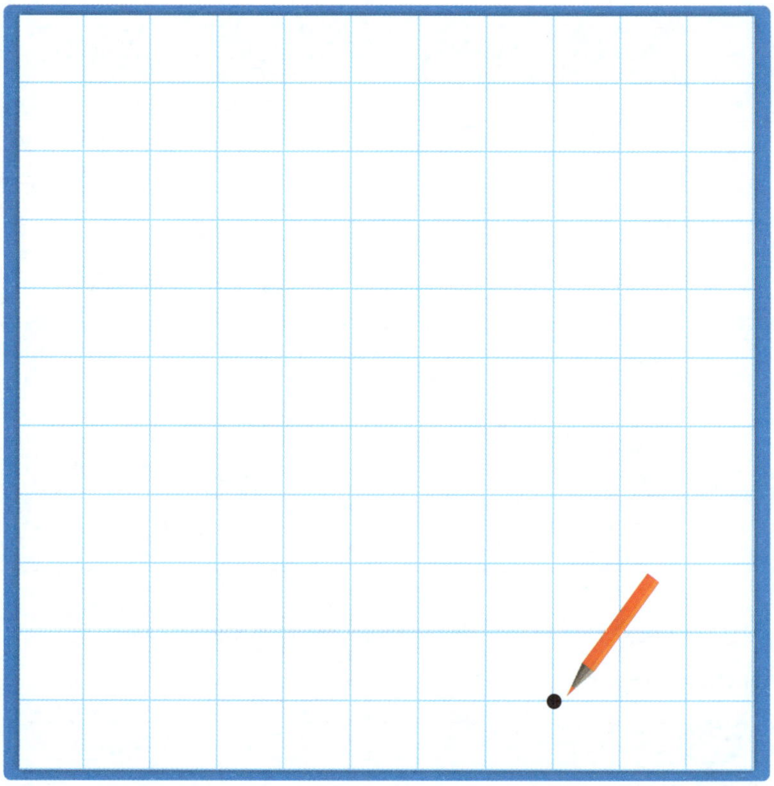

- ❑ Pentagono
- ❑ Trapezio
- ❑ Rettangolo
- ❑ Triangolo

È possibile modificare le istruzioni in modo da disegnare un quadrato?

- ❑ SI, basta muoversi sempre di 4 passi o sempre di 6 passi
- ❑ SI, basta girare a sinistra invece di voltare a destra
- ❑ SI, bisogna ripetere 4 volte le istruzioni indicate
- ❑ NO, non è possibile

10. Durante la giornata, Laura segue questi percorsi per recarsi a scuola, a casa e al lago.

Qual è il percorso più lungo?

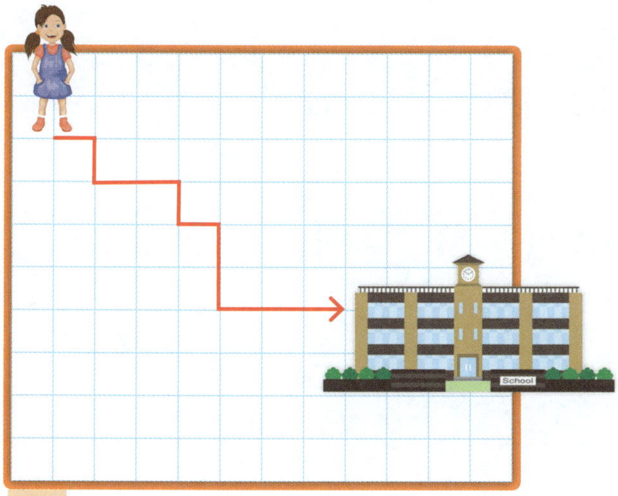

A

B

C

- ☐ A
- ☐ B
- ☐ C
- ☐ Sono tutti della stessa lunghezza

Prova a scrivere la sequenza dei passi per eseguire il percorso individuato:

....

....

....

....

11. Queste sono le indicazioni da seguire per "scrivere" il nome di un solido:

A D A S A D A A D A S A D A

1 ▼ (dall'alto, sulla casella P)

2 ► (da sinistra, sulla casella P)

3 ▲ (dal basso, sulla casella P)

	T	O	B	U	C
	R	A	M	I	N
P	I	B	I	D	A
	A	O	N	E	F
	L	C	O	G	S

Ma... da quale casella partire?

- ❑ 1
- ❑ 2
- ❑ 3

La figura solida è: ....

RICORDA
il significato delle istruzioni
A: spostarsi avanti di una casella
D: voltarsi a destra, restando nella casella
S: voltarsi a sinistra, restando nella casella.

Come cambiare le ultime due istruzioni... per ottenere il "plurale"?

- ❑ AA
- ❑ SA
- ❑ AS
- ❑ AD

12. Considerando che ogni quadretto è "un passo", quali sono le istruzioni corrette per disegnare il quadrato in figura, partendo dalla casella D3 e guardando verso il basso?

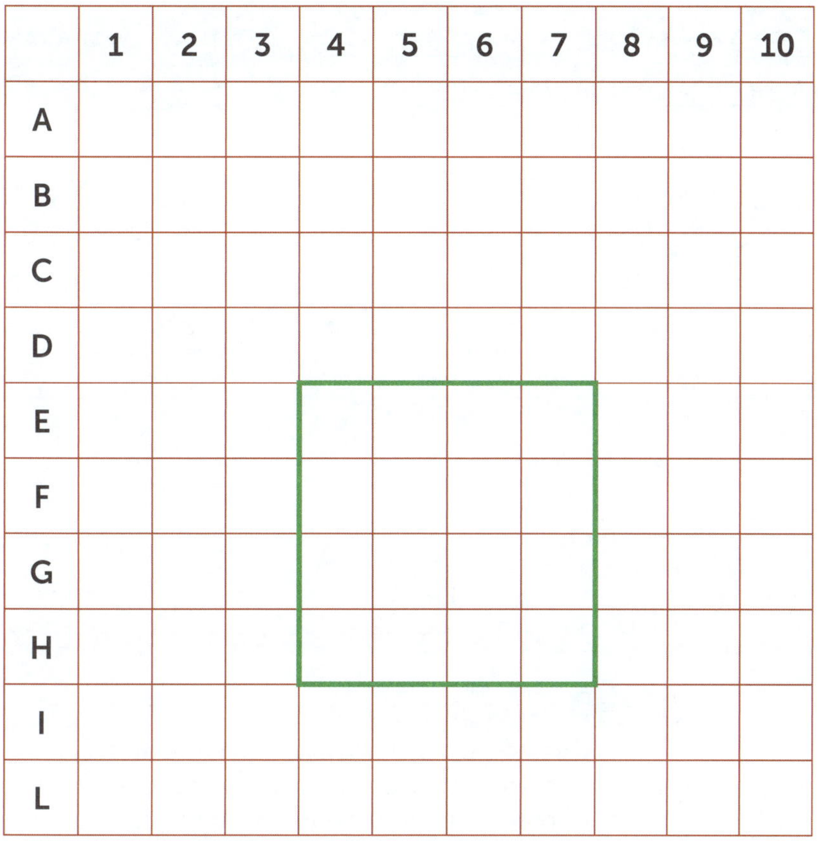

RIPETI *n* VOLTE
Questo ciclo di iterazione permette di ripetere un blocco di istruzioni un numero *n* specificato di volte.

- ❑ Ripeti per 4 volte: {Vai Avanti – GIRA a SINISTRA (90°)}
- ❑ Ripeti per 4 volte: {Vai Avanti (per 4 volte) – GIRA a SINISTRA (90°)}
- ❑ Ripeti per 4 volte: {Vai Avanti (per 4 volte) – GIRA a DESTRA (90°)}
- ❑ Vai Avanti – Vai Avanti – Vai Avanti – Vai Avanti – GIRA a SINISTRA (90°)

13. Dove arriva l'automobile al termine dell'esecuzione di questo blocco di istruzioni?

RIPETI FINO A QUANDO (c'è strada avanti):
SE (c'è strada a destra) ➤ ALLORA: "GIRA a DESTRA" - "VAI AVANTI"
ALTRIMENTI ➤ "VAI AVANTI"

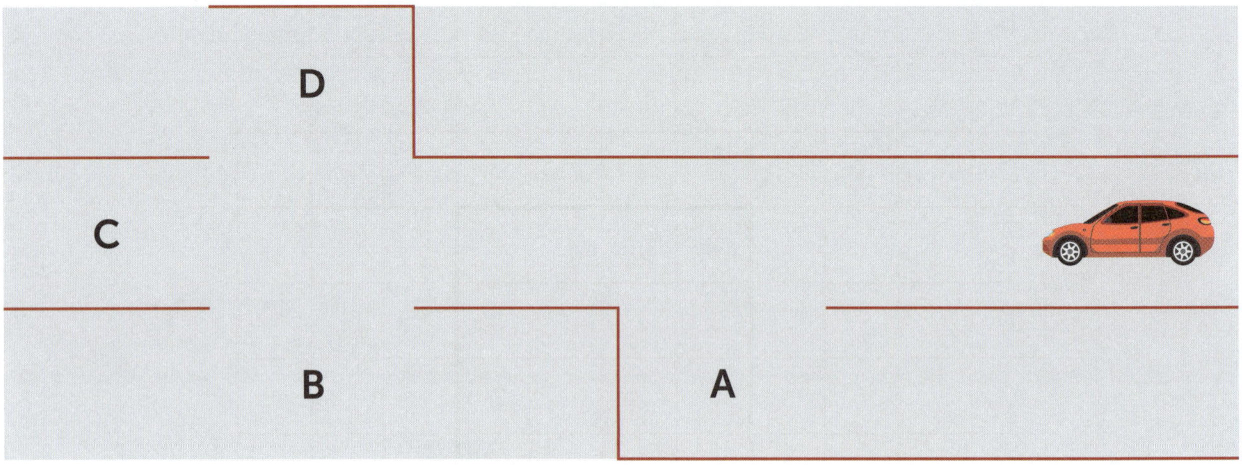

- ☐ uscita A
- ☐ uscita B
- ☐ uscita C
- ☐ uscita D

! RIPETI FINO A QUANDO
Questo ciclo di iterazione permette di ripetere un blocco di istruzioni finché è soddisfatta una condizione specifica (il controllo viene fatto ad ogni ripetizione).

14. Immagina che la figura sottostante rappresenti le lettere dell'alfabeto disposte su una tastiera.

	Q	W	E	R	T	Y	U	I	O	P	
	A	S	D	F	G	H	J	K	L		
		Z	X	C	V	B	N	M			

Segui le indicazioni, partendo dalla "R" e digitando la lettera solo quando c'è il click ☝.

☝ ➤ ➤ ➤ ➤ ➤ ☝ ▼ ◄ ◄ ▼ ◄ ☝ ▲ ➤ ➤ ➤ ▲ ☝ ◄ ◄ ◄ ◄ ☝
➤ ➤ ➤ ☝ ◄ ◄ ▼ ▼ ◄ ◄ ☝ ◄ ◄ ▲ ◄ ☝

La parola che scriverai è: ....

15. La matematica regola anche gli alberi: la ramificazione può avvenire in base alle potenze del 2!

Se indichiamo con **B** (la base del tronco), con **S** (il ramo a sinistra) e con **D** (il ramo a destra), riesci a scrivere la sequenza che descrive il percorso della ramificazione fino al fiore indicato dalla freccia?

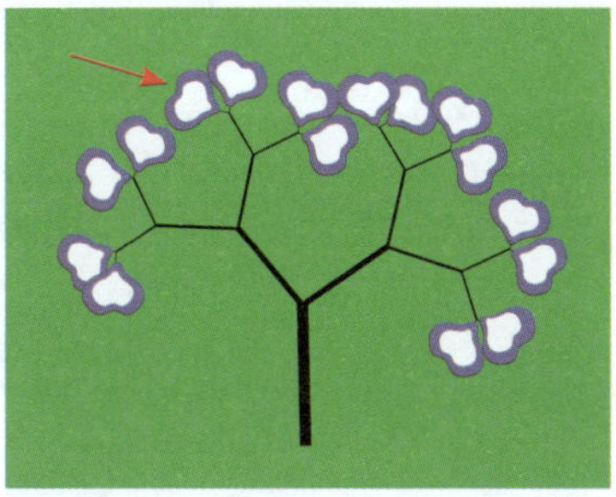

- ❑ BSSDS
- ❑ BSDDS
- ❑ BSDSS
- ❑ BSDSD

16. Coding & Maths

La Prof scrive alla lavagna $-(-2)^3$ e assegna alla classe il seguente compito:

"Scrivi la sequenza di istruzioni per raggiungere la risposta corretta"

SAMUEL (dall'alto, 4ª colonna)

	−8	+12	+2	
	−2	$-(-2)^3$	+6	
	−6	−3	+8	

KATIA ➤ (da sinistra, 3ª riga)

➤ VIOLA (da destra, 5ª riga)

FLAVIO (dal basso, 2ª colonna)

Questa una delle sequenze consegnate:

VAI AVANTI – GIRA A SINISTRA – VAI AVANTI – GIRA A DESTRA – VAI AVANTI – VAI AVANTI – VAI AVANTI – GIRA A DESTRA – VAI AVANTI

Considerando che gli allievi partono da caselle diverse, così come mostrato in figura, chi di loro arriverà alla risposta corretta seguendo queste istruzioni?

- ❑ Katia
- ❑ Samuel
- ❑ Viola
- ❑ Flavio

17. Calcoli in sequenza!

1) Parti dalla metà di 10
2) Vai al suo triplo
3) Aggiungi 7
4) Sottrai 1
5) Dividi per 3
6) Calcola il suo quintuplo

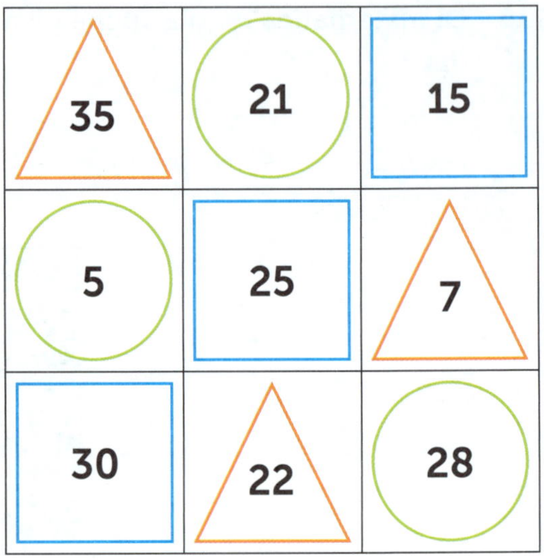

...su quale figura sei arrivato?

- ☐ il cerchio con 28
- ☐ il triangolo con 35
- ☐ il cerchio con 21
- ☐ il triangolo con 7

18. Quale condizione bisogna aggiungere nell'algoritmo per poter controllare se un numero *n* inserito è pari?

- ☐ RIPETI fino a quando (RESTO = 0)
- ☐ SE (RESTO = 2)
- ☐ SE (RESTO = 1)
- ☐ SE (RESTO = 0)

19. QUIZ a PUNTI!

Quali istruzioni potrebbero essere inserite nel programma (al posto di ISTRUZIONE 1 e ISTRUZIONE 2) per aggiornare il punteggio: 5 punti per ogni risposta giusta e 3 punti in meno se la risposta è sbagliata?

```
Porta PUNTI = 0
SE (la risposta è corretta)
➤ ALLORA: [ISTRUZIONE 1]
ALTRIMENTI
➤ [ISTRUZIONE 2]
```

- ❑ Cambia PUNTI di +5 e Cambia PUNTI di +3
- ❑ Cambia PUNTI di −5 e Cambia PUNTI di +3
- ❑ Cambia PUNTI di +5 e Cambia PUNTI di −3
- ❑ Cambia PUNTI di −5 e Cambia PUNTI di −3

! VARIABILE
è un tipo di dato che può cambiare il suo valore!
Si può inizializzare e "portare" il suo valore ad un numero specifico oppure "cambiarlo" aggiungendo/sottraendo un numero indicato.

20. Quanto vale la variabile "lunghezza" al termine dell'esecuzione di questo blocco di istruzioni?

- ❑ 1
- ❑ 2
- ❑ ancora 0
- ❑ il controllo viene ripetuto all'infinito

Obiettivo **esame**

Mettiamoci **alla prova**

Adesso tocca a te!
In questa sezione troverai dei test completi, a difficoltà crescente, in modo da valutare quanto sei preparato ad affrontare la prova INVALSI.

PROVA A

1. **Un contenitore contiene 6 palline verdi, 10 blu e 8 gialle. Quante palline rosse bisognerebbe inserire per avere la probabilità di estrazione di una pallina rossa pari a 0,2?**

   A) ❑ 30 palline
   B) ❑ 6 palline
   C) ❑ 4 palline
   D) ❑ 18 palline

2. **I due poligoni sono equivalenti. Sai calcolare la somma dei loro perimetri, sapendo che i lati sono espressi in cm?**

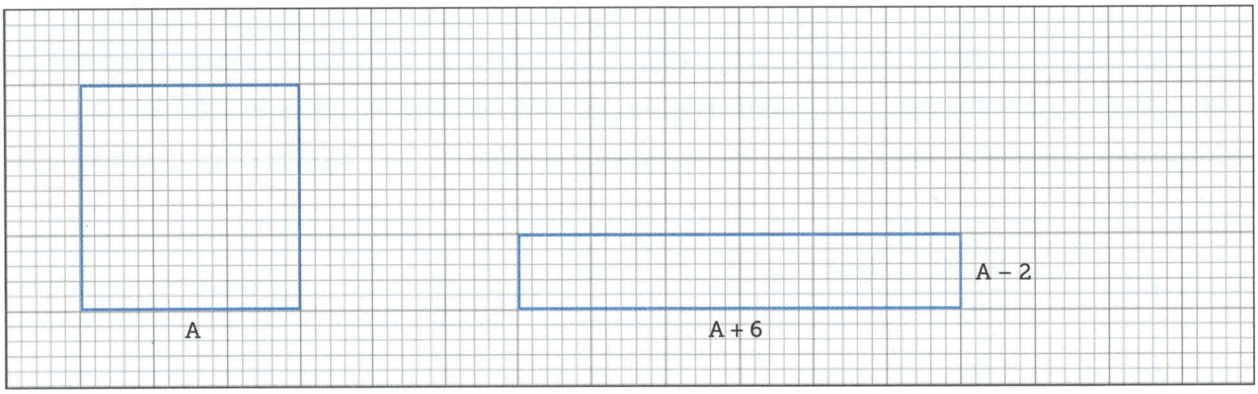

   A) ❑ 16 cm
   B) ❑ 32 cm
   C) ❑ 28 cm
   D) ❑ 36 cm

3. **La nonna di Riccardo ha appena acquistato 600 g di caramelle al gusto di frutta: una quantità pari a 150 g è all'arancia, 250 g al limone, il resto al sapore di fragola. Riccardo è golosissimo di caramelle al limone e cerca di pescarne una dal sacchetto non trasparente. Qual è la probabilità di riuscita al primo tentativo sapendo che all'incirca ogni caramella pesa 5 g?**

   A) ❑ $\frac{5}{12}$
   B) ❑ $\frac{1}{2}$
   C) ❑ $\frac{3}{4}$
   D) ❑ $\frac{5}{8}$

4. **Un cubo viene tagliato seguendo la diagonale di una faccia. I due solidi ottenuti saranno...**

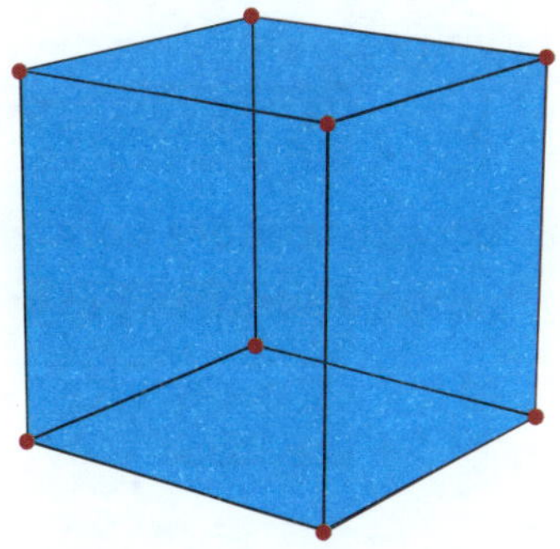

A) ❑ due prismi a base triangolare
B) ❑ due parallelepipedi
C) ❑ due prismi a base rettangolare
D) ❑ due prismi a base quadrata

5. **Se tre valori sono tali che *ab* = 5 e *bc* = 10, cosa possiamo dire del rapporto $\frac{a}{c}$?**

A) ❑ $\frac{a}{c} = 50$
B) ❑ $\frac{a}{c} = 2$
C) ❑ $\frac{a}{c} = \frac{1}{2}$
D) ❑ non è possibile calcolarlo

6. **Nell'ultima ora di lavoro, Bea ha dovuto preparare 6 gelati al gusto di cioccolato, 12 al pistacchio, 4 alla fragola, 3 alla nocciola, 10 alla crema e 15 con doppio gusto. Volendo descrivere statisticamente le vendite, quale valore potremmo assegnare alla moda?**

A) ❑ 12
B) ❑ 15
C) ❑ 10
D) ❑ 6

7. **I diametri delle semicirconferenze sono uno il doppio dell'altro. Possiamo dire che l'area S tra i due semicerchi è anch'essa il doppio di quella del semicerchio più piccolo?**

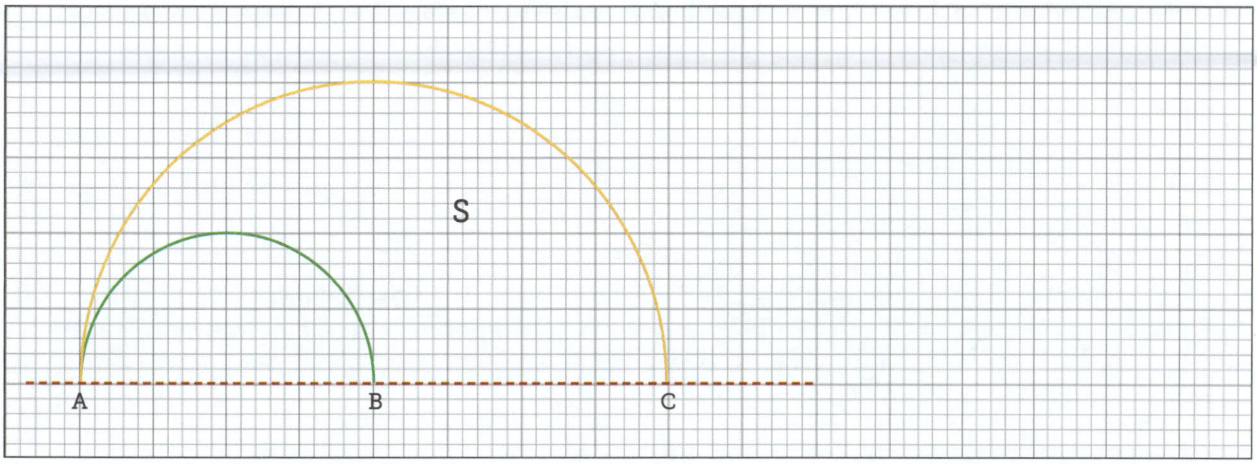

No, perché	Sì, perché
❑ non abbiamo valori numerici che permettano di fare calcoli	❑ sono in relazione di proporzionalità diretta
❑ l'area tra le due semicirconferenze è tre volte quella del semicerchio minore	❑ è possibile verificarlo attraverso la figura

8. Scegli per quale gruppo di dati moda, media e mediana sono rappresentati dallo stesso valore.

A) ❑	1	2	2	4	4	7	8	8	9	10	11
B) ❑	2	3	5	6	8	9	9	12	14	15	16
C) ❑	1	4	6	6	6	8	8	12	13	16	19
D) ❑	5	7	7	8	8	8	9	11	13	18	27

9. Alice ha in tasca la somma di € 100 in sole banconote, di cui 2 biglietti da € 20. Quale potrebbe essere al minimo il numero di altre banconote a sua disposizione?

A) ❑ 6
B) ❑ 4
C) ❑ 3
D) ❑ Nessuno dei valori indicati

10. La frequenza percentuale di un evento è 75%. In base a questa informazione scegli quale evento risponde a questa affermazione.

A) ❑ Uscita di un asso o di un re in un mazzo di carte di 52 carte francesi
B) ❑ Uscita di un numero pari o superiore a 4 in un lancio di un dado
C) ❑ Uscita di una delle 12 palline verdi da un contenitore contenente 16 palline
D) ❑ Uscita di una delle 4 biglie azzurre da una scatola con altre 8 palline colorate

11. Stabilisci con i dati in figura qual è il rapporto tra l'area del triangolo ACD e quella del triangolo ABC.

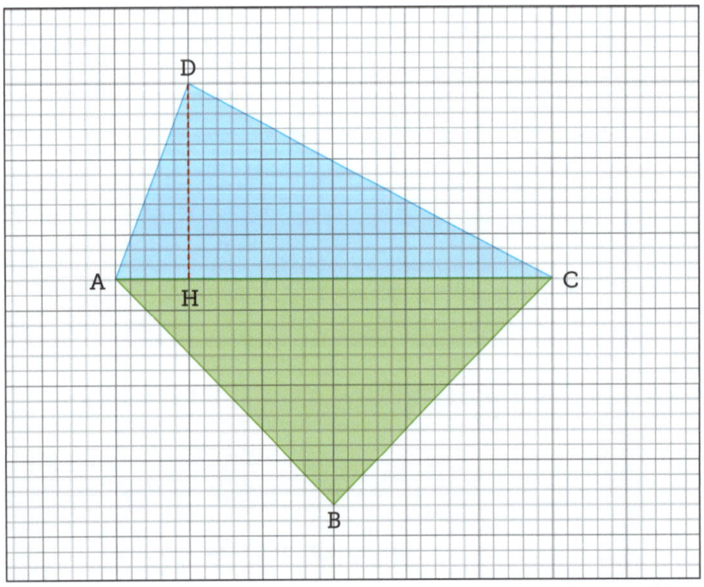

Area$_{ABCD}$ = 66 cm^2
AC = 12 cm
DH = 5 cm

A) ❑ $\frac{5}{6}$
B) ❑ $\frac{1}{2}$
C) ❑ $\frac{3}{4}$
D) ❑ $\frac{2}{3}$

12. Il prodotto può essere eseguito applicando le proprietà delle potenze. Quale sarà il risultato?

$$(2 \cdot 5^2) \cdot (0{,}5 \cdot 3^2) : (4 \cdot 15^2)$$

A) ❑ 0,25
B) ❑ $4 \cdot 10^2$
C) ❑ $2 \cdot 10^4$
D) ❑ $4 \cdot 10^4$

13. Per Giorgia ABCD non è un quadrato, per Sabrina sì. Chi tra le due amiche ha ragione?

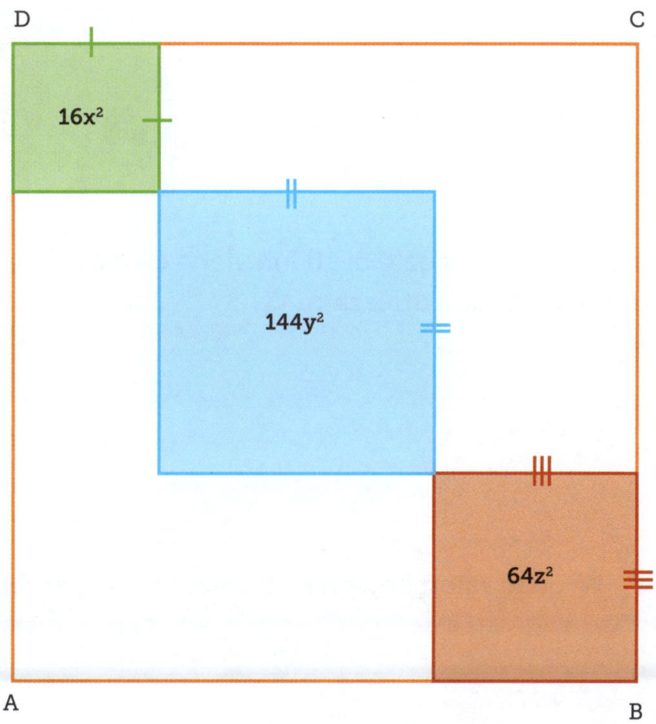

A) ❑ Giorgia
B) ❑ Sabrina

Rispetto alle informazioni che la figura fornisce, stabilisci la lunghezza del perimetro *2p* del poligono ABCD:

A) ❑ $2p = 4x + 12y + 8z$
B) ❑ $2p = 48xyz$
C) ❑ $2p = 4(4x + 12y + 8z)$
D) ❑ $2p = 2(4x^2 + 12y^2 + 8z^2)$

14. Davide percorre un tratto di 270 km di strada con una velocità costante di 90 km/h. Sullo stesso tratto la velocità massima prevista è di 100 km/h. Se avesse viaggiato a quest'ultima velocità con quanto tempo di anticipo sarebbe arrivato?

A) ❑ 20 minuti
B) ❑ 11 minuti
C) ❑ 15 minuti
D) ❑ 18 minuti

15. Alessio ha visto sullo scaffale quattro diverse confezioni di marmellata biologica, ma non sa stabilire quale sia la più conveniente. Sai aiutarlo?

A) ❑ € 5,50 per una confezione da 220 g
B) ❑ € 3,50 per una confezione da 180 g
C) ❑ € 4,60 per una confezione da 240 g
D) ❑ € 3,10 per una confezione da 160 g

16. Su una cartina un rettilineo stradale di 10 km viene rappresentato con un segmento di 4 cm. Stabilisci quale scala è stata utilizzata.

A) ❑ 1 : 250000
B) ❑ 1 : 50000
C) ❑ 1 : 20000
D) ❑ 1 : 10000

17. Sapendo che $K = \frac{1}{3}W$, quali valori possono assumere K e W per rendere vera l'uguaglianza?

$$2^K \cdot 2^W \cdot 2^6 \cdot 2^5 = 2^{23}$$

Risposta: ....

18. Del circuito lungo 27 km, Benjamin ne ha percorsi i $\frac{17}{5}$. Quanti giri ha completato finora?

A) ❑ 4
B) ❑ 3
C) ❑ 6
D) ❑ 5

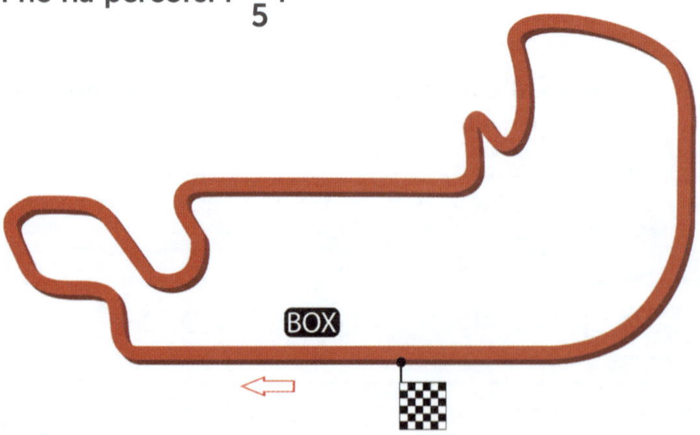

19. **La media tra tre numeri interi, diversi da zero e diversi tra loro, è 30. Quale potrebbe valere, al massimo, il più grande?**

A) ❑ 89
B) ❑ 88
C) ❑ 87
D) ❑ 85

20. **Il risultato della potenza** $\left(\frac{1}{2}\right)^{-3}$ **sarà:**

		Vero	Falso
A)	Un numero positivo maggiore di quello di partenza	❑	❑
B)	Un numero negativo minore	❑	❑
C)	Un numero positivo minore di quello di partenza	❑	❑
D)	Un numero positivo intero	❑	❑

AUTOVALUTAZIONE

HO RISPOSTO ESATTAMENTE A	....	QUESITI SU	20

PROVA B

1. **Quale dovrebbe essere il valore di k per rendere impossibile l'equazione?**

$$2x + 5 = k(x-8)$$

A) ☐ $k = 0$
B) ☐ $k = 1$
C) ☐ $k = -2$
D) ☐ $k = 2$

2. **Inserisci le lettere relative ai seguenti numeri all'interno della retta.**

a	b	c	d
$\sqrt{\pi}$	$\pi - 4$	$\pi^2 - 9$	$\pi^3 - 10\pi$

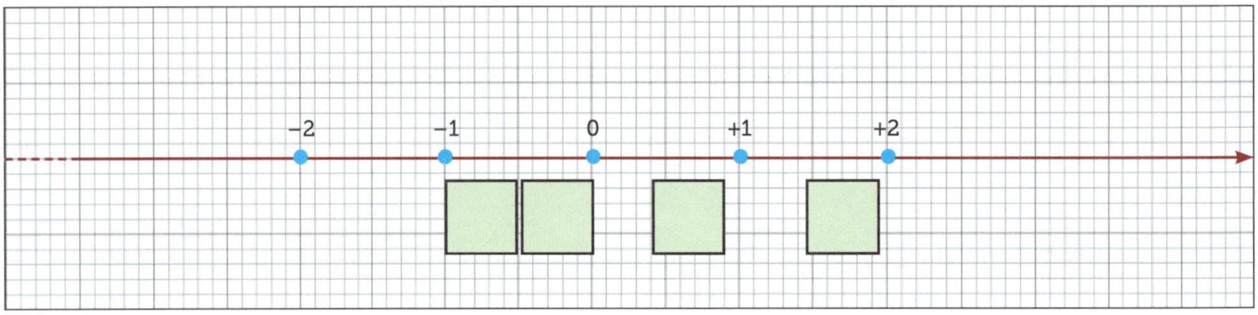

A) ☐ a < d < c < b
B) ☐ b < d < c < a
C) ☐ c < d < a < b
D) ☐ d < c < a < b

3. **Bottiglie da 0,75 l vengono utilizzate per travasare una botte di vino dal volume di 1000 dm³. Controlla le seguenti affermazioni.**

		Vero	Falso
A)	Verrà utilizzato un numero intero di bottiglie	☐	☐
B)	Il numero di bottiglie da utilizzare supera il migliaio	☐	☐
C)	Per travasare il vino basteranno meno di 1000 bottiglie	☐	☐
D)	Non è possibile calcolare il numero di bottiglie da utilizzare	☐	☐

4. In un bed & breakfast ogni giorno nel giro delle pulizie vengono cambiati gli asciugamani, assegnandone di puliti, di un colore differente per ogni camera.

Sul carrello ci sono:

- 6 asciugamani celesti
- 8 asciugamani verde acqua
- 12 asciugamani rosa
- 4 asciugamani gialli

La cameriera depone nella prima camera due asciugamani verdi e nella seconda camera 4 asciugamani rosa.

Se per la terza camera pesca un asciugamano a caso, qual è la probabilità di prenderne uno di un colore già usato per le altre camere?

A) ❑ 42%
B) ❑ 50%
C) ❑ 55%
D) ❑ 58%

Che probabilità c'è di prenderne uno giallo?

A) ❑ 1,6%
B) ❑ 13%
C) ❑ 16%
D) ❑ 46%

5. Se $2M + 3N = 220$ e $M = \frac{1}{3}N$, quanto valgono M e N?

Risposta ....

6. Luca si diverte a cronometrare i treni che attraversano una galleria che vede in lontananza. L'ultimo è stato sicuramente il più veloce: ha impiegato esattamente 18 secondi per attraversare la galleria lunga 1350 m. Qual è la velocità cronometrata?

A) ❑ 70 m/s
B) ❑ 270 km/h
C) ❑ 190 km/h
D) ❑ 85 m/s

7. **Matilde ha letto le dosi per un dolce e vuole adattarle per 4 persone. Quali saranno le quantità giuste?**

Dosi per 5 persone

200 di zucchero
10 uova
800 g di farina
150 g di burro
250 g di cacao

A) ❑ 160 g di zucchero, 8 uova, 680 g di farina, 140 g di burro, 200 g di cacao
B) ❑ 150 g di zucchero, 6 uova, 640 g di farina, 140 g di burro, 200 g di cacao
C) ❑ 160 g di zucchero, 8 uova, 640 g di farina, 120 g di burro, 200 g di cacao
D) ❑ 140 g di zucchero, 8 uova, 640 g di farina, 140 g di burro, 200 g di cacao

8. **Paolo e Simone hanno modalità di allenamento e ritmi di corsa diversi. Per la corsa Paolo riesce a mantenere sempre una velocità costante di 3 Km l'ora, mentre Simone parte con una velocità costante di 4,5 km/h per la prima mezz'ora, poi scende anche lui a 3 km/h. Partendo insieme per un allenamento, quale sarà la distanza tra i due atleti dopo 40 minuti?**

A) ❑ 450 m
B) ❑ 750 m
C) ❑ 350 m
D) ❑ 850 m

9. **Piramide del prodotto: ogni monomio è il prodotto dei due sottostanti. Completa la piramide e rispondi:**

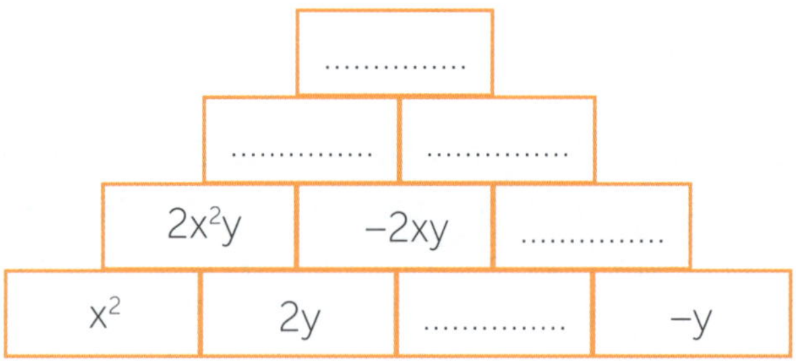

		Vero	Falso
A)	Il monomio in cima è di quinto grado	❑	❑
B)	Alla punta della piramide c'è un monomio con coefficiente positivo	❑	❑
C)	Il monomio mancante alla base è + x	❑	❑
D)	Il monomio in cima alla piramide è simile a $5x^5y^4$	❑	❑

10. **La prof. ha chiesto di riflettere sul testo della disequazione e quattro alunni si sono proposti per rispondere. Chi ha dato la risposta corretta?**

$$a - b < 0$$

A) ☐ Federica: "a è sicuramente maggiore di b"
B) ☐ Matilde: "a è uguale a b"
C) ☐ Stefano: "a è sicuramente minore di b"
D) ☐ Alessandro: "a è un numero sicuramente negativo"

11. **Tre numeri sono tali che:**

$$a = \frac{8}{5}b \qquad c = \frac{3}{4}a$$

Calcola i tre valori sapendo che il 10% di a vale 24

A) ☐ a = 120 b = 100 c = 90
B) ☐ a = 240 b = 160 c = 140
C) ☐ a = 240 b = 120 c = 100
D) ☐ a = 240 b = 150 c = 180

12. **Silvano afferma che nella località in cui abita c'è stata una variazione di temperatura da 12 a 4 gradi. In base a quanto detto, possiamo dire con certezza che la variazione di temperatura è stata di -8°?**

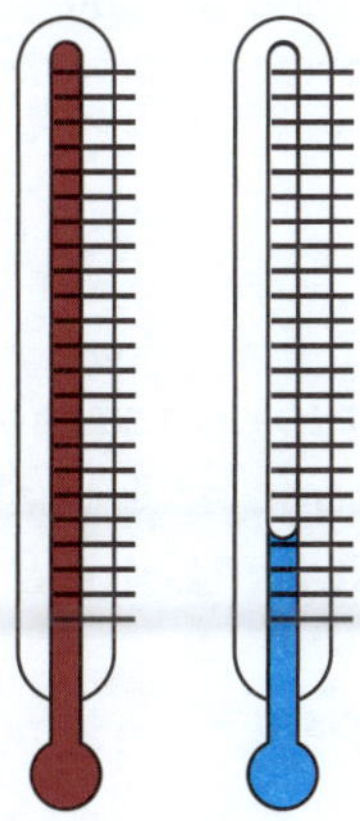

Si, perché	No, perché
☐ la differenza tra 12 e 4 è -8°C	☐ la differenza tra 12 e 4 gradi è 8°C
☐ la variazione è riferita ad una diminuzione serale della temperatura	☐ non sono specificati i segni delle temperature rilevate

13. Per il poligono concavo ABCDEF sono state fatte diverse affermazioni, solo alcune si possono ritenere valide. Quali?

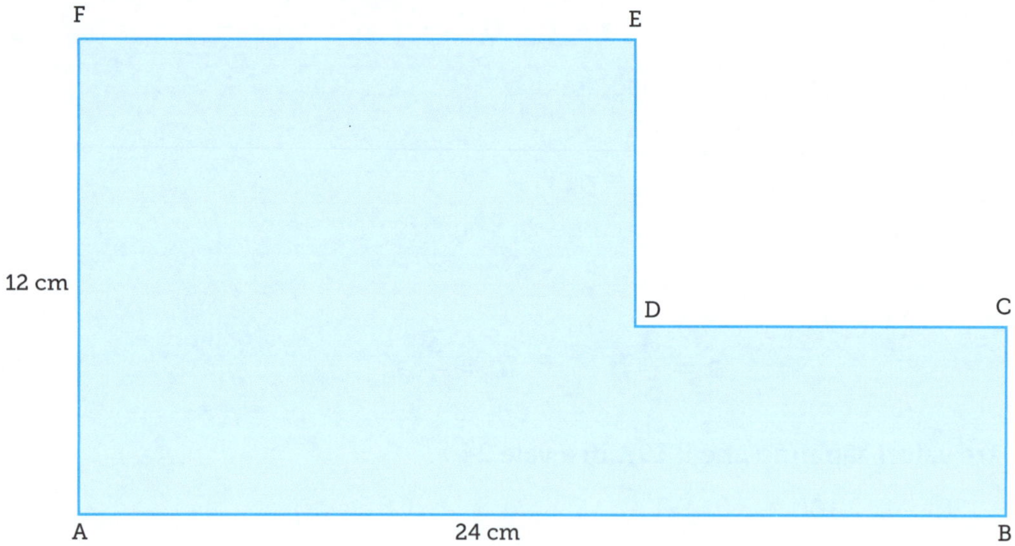

		Vero	Falso
A)	Con i dati a disposizione è possibile calcolare il perimetro del poligono	❑	❑
B)	Mancano dei dati per poter ricavare il perimetro del poligono	❑	❑
C)	Le misure di AB e AF permettono di calcolare l'area del poligono	❑	❑
D)	Non è possibile con i dati a disposizione calcolare l'area	❑	❑

14. Giorgio non sa raccapezzarsi! In Inghilterra è tutt'altra cosa pesarsi.!!! La bilancia gli indica 14 stone ed è guasta la parte del display relativa ai kg. Ieri, per il suo amico, l'indicazione era stata 11 stone per un peso di 69,85 kg. Quanto pesa Giorgio?

Risposta ....

Spiega il procedimento che hai seguito ....

15. Tullio ama la fantascienza. Nel leggere il dato sulla distanza media di Saturno dalla Terra (circa 1,43 miliardi di km) sta cercando di immaginare in quanto tempo potrebbe arrivare un messaggio da quel pianeta alla velocità della luce (300000 km/s)! Sai aiutarlo?

A) ❑ ~ 80 minuti

B) ❑ ~ 65 minuti

C) ❑ ~ 3 ore

D) ❑ ~ 2 giorni

16. La sequenza è del tutto particolare. Sai individuare il tipo di relazione e il valore successivo?

1	2	6	30	210	2310	?

Risposta ....

A) ❑ 30030
B) ❑ 2860
C) ❑ 3765
D) ❑ 5780

17. Per la sua breve vacanza Italo ha portato con sé 3 pantaloni (1 azzurro, 1 blu, 1 rosso) e 5 magliette (1 blu, 1 rossa, 1 azzurra, 1 bianca, 1 verde). Tenendo presente che Italo non abbinerebbe mai colori uguali, né l'azzurro con il rosso, né il rosso con il verde, quante combinazioni ha a sua disposizione?

A) ❑ 6 combinazioni
B) ❑ 9 combinazioni
C) ❑ 5 combinazioni
D) ❑ 12 combinazioni

18. L'area del quadrato è $16a^2$. Sapendo che M ed N sono punti medi, quanto vale il perimetro della zona tratteggiata?

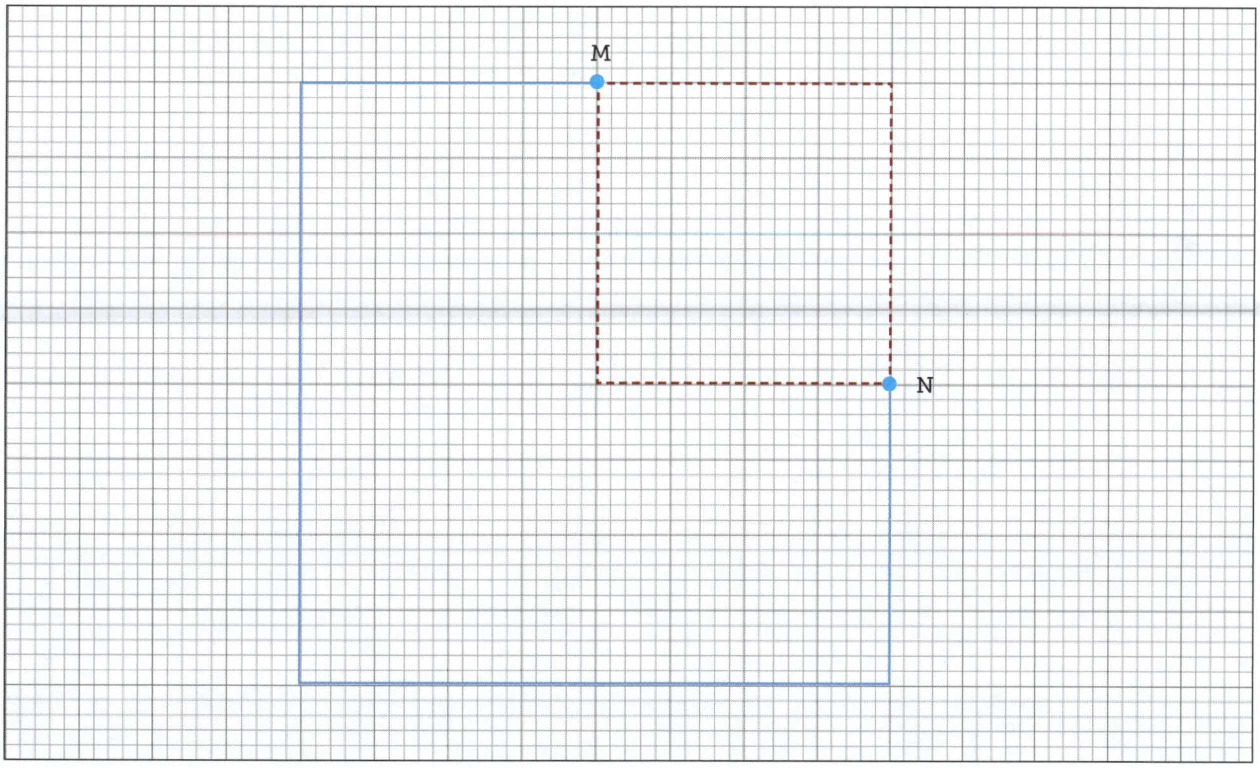

A) ❑ 8a
B) ❑ 16a
C) ❑ 12a
D) ❑ 6a

19. Lo schema indica quanto sono riusciti a risparmiare tre fratellini nel corso di un anno. Verifica se le affermazioni rispettano quanto si evidenzia dallo schema.

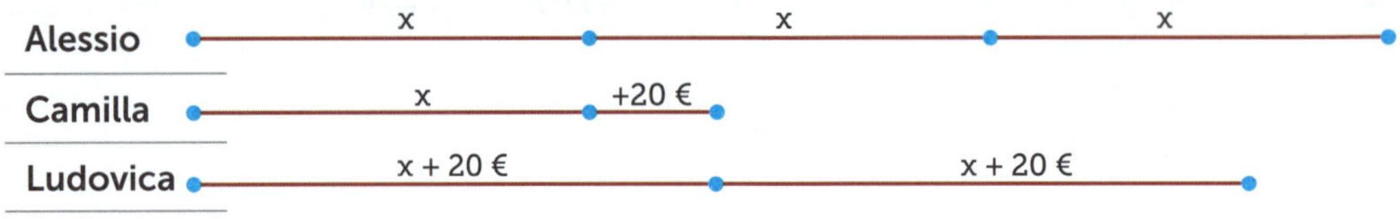

		Vero	Falso
A)	Camilla ha risparmiato la metà di quanto è riuscito a mettere da parte Alessio	❑	❑
B)	Il grafico non ci permette di sapere quanto hanno risparmiato in tutto i tre fratellini	❑	❑
C)	Ludovica ha risparmiato il doppio di Camilla	❑	❑
D)	Alessio ha risparmiato più di tutti	❑	❑

20. Stabilisci chi è il più giovane tra i 4 amici sapendo che la media delle loro età è di 32 anni.

Adrien	Pierre	Nicole	Paulette
34 anni	40 anni	26 anni	?

A) ❑ Adrien
B) ❑ Pierre
C) ❑ Nicole
D) ❑ Paulette

AUTOVALUTAZIONE

HO RISPOSTO ESATTAMENTE A	....	QUESITI SU	20

PROVA C

1. Valuta le affermazioni relative alla seguente equazione:

$$3x + a = x + b$$

		Vero	Falso
A)	Il valore dell'incognita x è uguale a 0 se a e b sono opposti	❑	❑
B)	Se a = –1 e b = 1 l'incognita x sarà uguale a b	❑	❑
C)	In nessun caso il valore dell'incognita x è negativo	❑	❑
D)	Con b = 2a il valore della x potrà essere sia 2 che – 2	❑	❑

**2. Il poligono A è equivalente alla quarta parte del poligono B.
Qual è la sua altezza?**

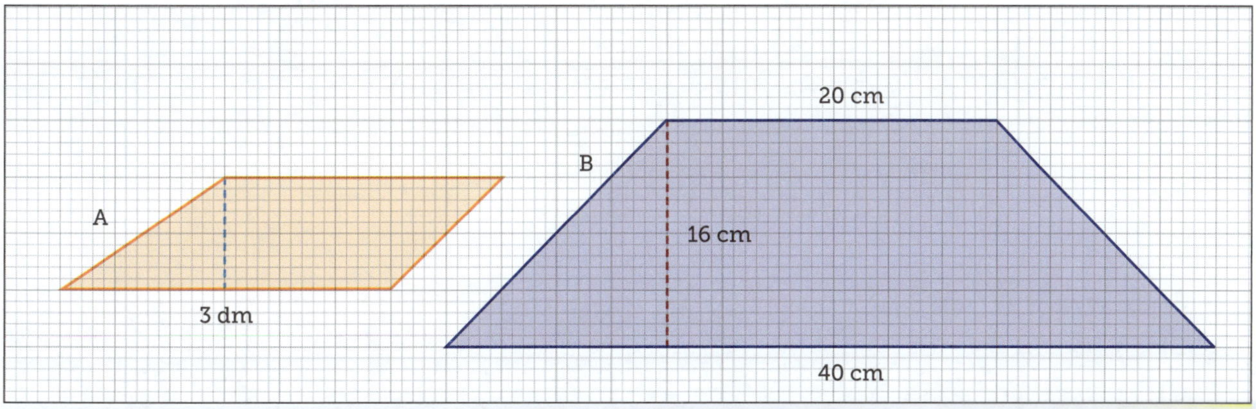

A) ❑ 0,4 cm
B) ❑ 4000 mm
C) ❑ 4 dm
D) ❑ 0,04 m

3. Andrea ha 12 anni più della sorella Laura. Tra 10 anni l'età di Andrea sarà esattamente il doppio di quella di Laura. Qual è l'equazione che permette di ricavare le loro età?

A) ❑ 2(x + 10) + 12 = 2(x + 10)
B) ❑ x + 10 = x + 12
C) ❑ x + 10 = 2(x + 10)
D) ❑ (x + 12) + 10 = 2(x + 10)

Qual è l'età dei due ragazzi?

A) ❑ 2 anni, 14 anni
B) ❑ 6 anni, 18 anni
C) ❑ 4 anni, 18 anni
D) ❑ 5 anni, 17 anni

4. Stabilisci quale valore risulta maggiore con n = 5

A) ❑ $\dfrac{7}{n+1}$

B) ❑ $\dfrac{7}{n}$

C) ❑ $\dfrac{7}{n+2}$

D) ❑ $\dfrac{7}{n-1}$

5. Il rettangolo ABCD è formato da 4 rettangoli di cui si conoscono le dimensioni. Qual è l'unico percorso risolutivo non corretto per calcolarne l'area?

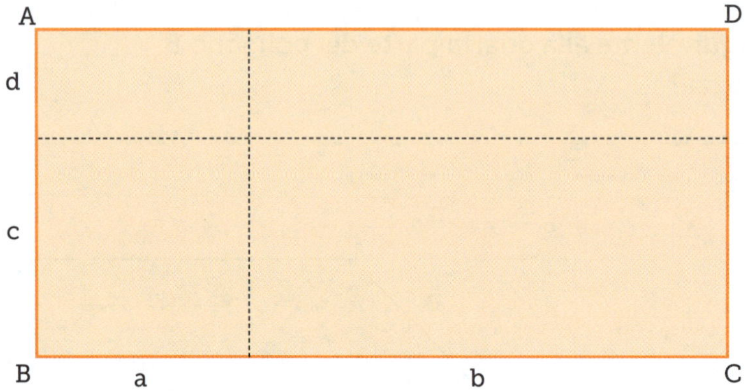

A) ❑ $a \cdot c + b \cdot c + a \cdot d + b \cdot d$

B) ❑ $(a + b) \cdot (c + d)$

C) ❑ $(a + b) \cdot c + (a + b) \cdot d$

D) ❑ $(a \cdot b) \cdot (c \cdot d)$

6. Marco mantiene nella sua corsa una velocità costante di 25 km/h. Federico, partito mezz'ora dopo, ha un'andatura, anch'essa costante, di 30 km/h. Se il circuito da percorrere è di 250 km, riuscirà Federico a raggiungere e superare Marco?

❑ NO

❑ SI dopo .... minuti

7. Ponendo a = – 1 e b = + 2, quale tra i valori in tabella risulta essere il maggiore?

m	n	h	k
10^{a-b}	10^{a+b}	10^{-a+b}	10^{-a-b}

A) ❑ m

B) ❑ n

C) ❑ h

D) ❑ k

8. **Nella gara di salto in alto Andrea sa di non essere arrivato primo: il suo ultimo salto di 212 cm non è bastato! Filippo ha ancora due salti a disposizione e per il momento ha una misura di 210 cm. Carlo è primo e non ha altri salti da effettuare. In base a queste indicazioni si può dedurre che....?**

		Vero	Falso
A)	Carlo ha effettuato un salto superiore a 212 cm	❑	❑
B)	Filippo se supera 212 cm è sicuramente primo	❑	❑
C)	Se Filippo non migliora la sua prestazione è terzo	❑	❑
D)	Carlo potrebbe arrivare anche secondo	❑	❑

9. **La quarta parte dell'area di un rettangolo è 300 cm^2. Calcola il perimetro di un quadrato sapendo che la sua area supera di $\frac{1}{3}$ quella del rettangolo.**

A) ❑ 120 cm
B) ❑ 140 cm
C) ❑ 160 cm
D) ❑ 180 cm

10. **Simona ha visto ribassare in un mese il costo del prodotto che vuole comprare prima del 5%, poi del 10% e alla fine di un altro 5%. Qual è lo sconto totale applicato?**

A) ❑ ~ 20 %
B) ❑ ~ 21 %
C) ❑ ~ 22 %
D) ❑ ~ 19 %

11. **Quale valore bisogna inserire per rispettare una delle due Leggi di proporzionalità?**

x	10	4	8	?
y	20	50	25	16

Risposta ....

12. **Sono stati assegnati 20 problemi e 40 espressioni per i 20 giorni di vacanza. L'obiettivo di svolgere tre esercizi al giorno non è stato raggiunto: 5 giorni di viaggio (senza pensare alla scuola) hanno alterato i piani. Di quanto è aumentata la media giornaliera da rispettare?**

A) ❑ 5 esercizi
B) ❑ 2 esercizi
C) ❑ 1 esercizio
D) ❑ Non è stata alterata

13. Sam e Dick corrono lungo una pista circolare in senso orario. Sam è in vantaggio di circa 2 km ed è l'ultimo giro. Quanto manca al suo arrivo?

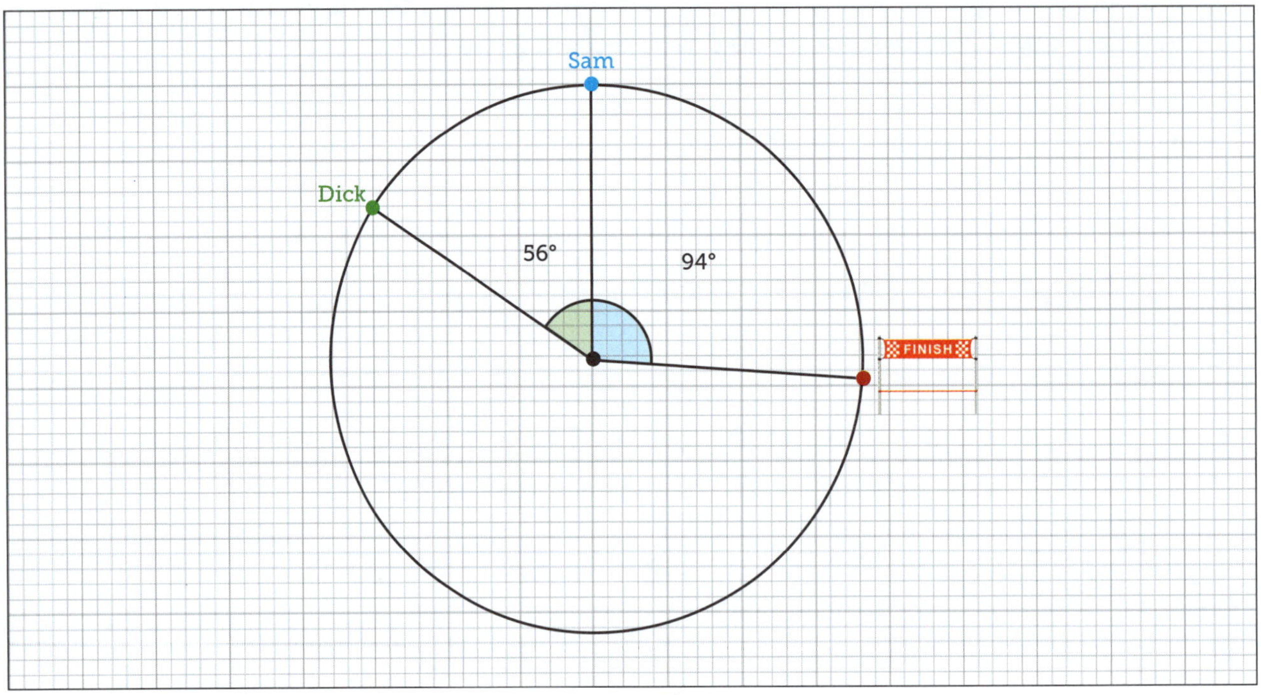

A) ☐ circa 3,4 km
B) ☐ meno di 3 km
C) ☐ più di 5 km
D) ☐ non è possibile calcolare la misura con i dati a disposizione

14. Carlo deve scrivere numeri di 3 cifre rispettando questa consegna: le prime due cifre sono uguali, l'ultima è il doppio della loro somma. Nel risolvere l'esercizio si troverà sicuramente a scrivere:

A) ☐ 6 numeri
B) ☐ 4 numeri
C) ☐ 2 numeri
D) ☐ 1 numero

Quali sono i numeri? ....

15. Un'indagine statistica avente come oggetto "il tempo trascorso online dagli studenti della classe 1M" ha prodotto i risultati riportati in tabella.

4 ore	40%
3 ore	25%
2 ore	5%
1 ora	10%
30 minuti	20%

Sapendo che solo 4 studenti hanno dichiarato di utilizzare il pc per un tempo inferiore ad un'ora, quanti sono gli studenti che risultano online per un numero superiore a 2 ore?
Risposta: ....

16. Solo una coppia di valori, presi nell'ordine, ci permettono di scrivere correttamente la proporzione. Quale?

$$0{,}3 : x = y : 5$$

A) ☐ $0{,}\overline{5}$ 2,7
B) ☐ 0,3 1,8
C) ☐ $0{,}\overline{2}$ 3,2
D) ☐ 1,4 3,6

17. I dati a disposizione ci permettono di dire che il perimetro del triangolo è:

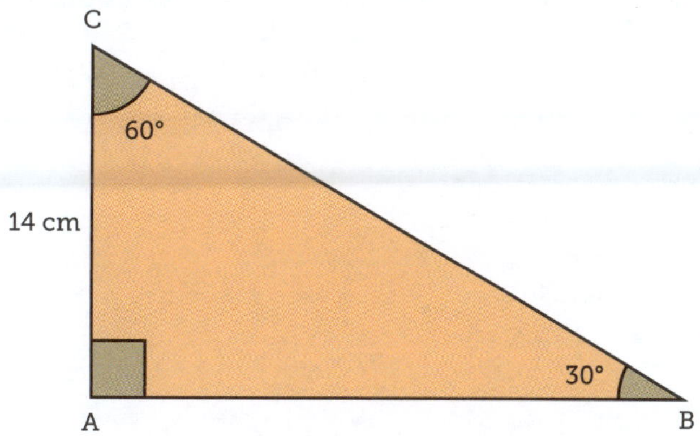

A) ☐ $(42+14\sqrt{3})$ *cm*
B) ☐ $(28+14\sqrt{3})$ *cm*
C) ☐ $14\sqrt{3}$ *cm*
D) ☐ $28\sqrt{3}$ *cm*

18. Utilizzando i dati forniti, qual è il perimetro del quadrato ABCD:

$\overline{KB} = \overline{AK}$

Area KBHQ = 54 cm^2

$\overline{KB} = \frac{3}{2}\overline{BH}$

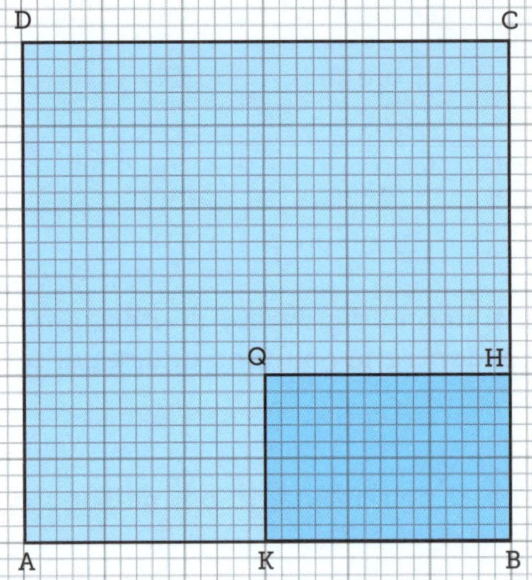

A) ❑ 2p = 72 cm
B) ❑ 2p = 84 cm
C) ❑ 2p = 60 cm
D) ❑ 2p = 54 cm

19. In quale disequazione i valori evidenziati in rosso sono sicuramente dispari?

$n-1 < n < n+1$ $\quad$ $2n-1 < 2n < 2n+1$ $\quad$ $2n < 2n+1 < 2n+2$

A) ❑ nella prima
B) ❑ nella seconda
C) ❑ nella terza
D) ❑ non è possibile stabilirlo

20. **I sacchetti sono stati preparati inserendo confetti al cioccolato, al pistacchio, alle mandorle e al pan di Spagna. Sapendo che la probabilità di prendere un confetto al pistacchio, come seconda possibilità, dopo averne già mangiato uno, era uguale a $\frac{2}{9}$, quale tra le combinazioni riportate rappresenta quella relativa ai confetti inizialmente presenti nel sacchetto?**

A) ❑ 5 confetti al pistacchio, 2 confetti al cioccolato, 4 confetti alle mandorle, 6 confetti al pan di Spagna

B) ❑ 7 confetti al pistacchio, 8 confetti al cioccolato, 8 confetti alle mandorle, 5 confetti al pan di Spagna

C) ❑ 8 confetti al pistacchio, 4 confetti al cioccolato, 3 confetti alle mandorle, 4 confetti al pan di Spagna

D) ❑ 4 confetti al pistacchio, 5 confetti al cioccolato, 6 confetti alle mandorle, 4 confetti al pan di Spagna

AUTOVALUTAZIONE

HO RISPOSTO ESATTAMENTE A	....	QUESITI SU	20

PROVA D

1. **Quale valore non rappresenta la media tra (n + 1) e (n + 2)?**

A) ❑ $\frac{2n + 3}{2}$

B) ❑ $\frac{n + 3}{2}$

C) ❑ $n + 1,5$

D) ❑ $n + \frac{3}{2}$

2. **Il distributore contiene esattamente 30 palline magiche in gomma e per ognuna di esse è richiesta una moneta da 50 centesimi di euro. 15 palline sono multicolori, 6 sono arancioni, 4 verdi, 3 gialle, 2 azzurre. Alberto vorrebbe una pallina multicolore. Qual è il numero minimo di monete da avere a disposizione per essere certi di pescarne una del suo colore preferito?**

A) ❑ 15

B) ❑ 6

C) ❑ 4

D) ❑ 16

3. **Letture estive! In tabella è riportato il numero di libri letti durante l'estate dai ragazzi di I D.**

1	0	1	2	4	3	3	0	1	0
5	3	2	1	0	1	4	2	2	3

Sei d'accordo con l'affermazione di Daniele: "la mediana dei valori è 2"?

Si, perché	**No, perché**
❑ 2 è il valore che si ripete più volte ❑ ordinando tutti i numeri, i valori centrali sono 2 e 2, quindi la mediana si calcola ricavando la media tra i due	❑ la mediana è 1 perché è il valore che si ripete più volte ❑ la mediana e la moda coincidono sempre con la media che è 1,9

4. **Il grafico illustra l'andamento dei ricavi delle azioni possedute da Fabrizio. Qual è la variazione percentuale alla fine dell'anno?**

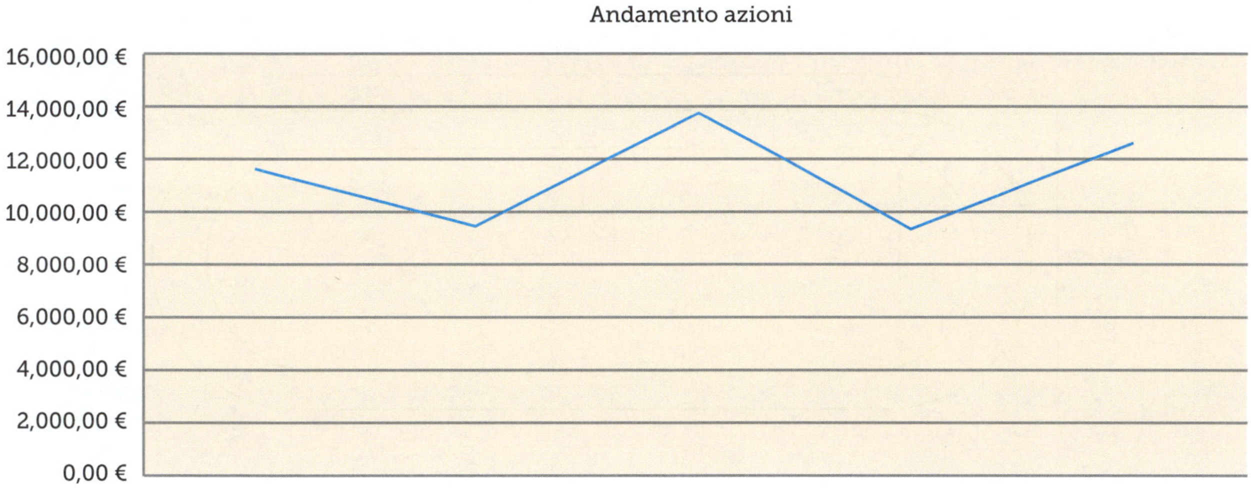

Gennaio	Marzo	Giugno	Settembre	Dicembre
11.432,00 €	8.975,00 €	13.656,00 €	8.942,00 €	12.584,00 €

A) ❑ circa il 10%
B) ❑ meno del 10%
C) ❑ meno del 5%
D) ❑ il grafico non permette una valutazione percentuale

5. **In un sacchetto ci sono 15 gettoni bianchi e 12 neri. Dopo 6 estrazioni la probabilità di uscita di un gettone nero è di $\frac{3}{7}$. Sai dire quanti gettoni di ogni colore sono stati estratti?**

A) ❑ 4 bianchi 2 neri
B) ❑ 1 bianchi 5 neri
C) ❑ 2 bianchi 4 neri
D) ❑ 3 bianchi 3 neri

6. **Ludovica si allena su una pista con le caratteristiche riportate in figura. Di solito corre sul bordo esterno del circuito. Qual è la distanza complessiva che avrà coperto dopo i 12 giri previsti?**

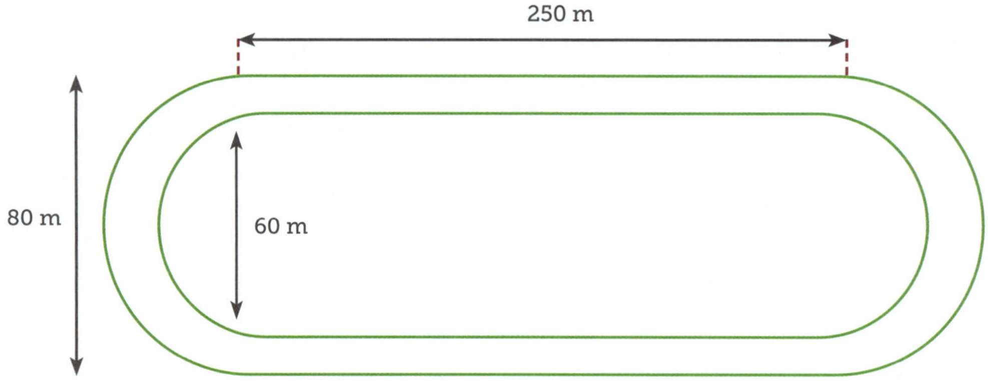

A) ❑ Meno di 9 km
B) ❑ Poco più di 9 km
C) ❑ Tra 10 km e 11 km
D) ❑ 12 km

7. **Diana ha una calcolatrice che fa strani calcoli:**

il tasto **D** raddoppia il numero sul display
il tasto **M** ne calcola la metà
il tasto **–** sottrae 3
il tasto **+** aggiunge 5

Diana inserisce il numero 2 e poi digita i tasti in questa sequenza:

2 → D + – M – – D

Quale sarà il numero scritto sul display al termine delle operazioni?

A) ❑ –6
B) ❑ 0
C) ❑ 3
D) ❑ 6

8. **Angelica gioca con le sue costruzioni. Qual è l'espressione che esprime il volume della torre che ha realizzato?**

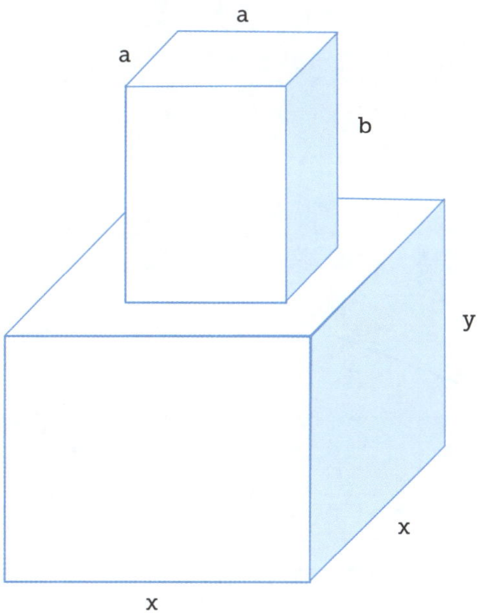

A) ☐ $xyab$

B) ☐ $x^2y + a^2b$

C) ☐ $xy + ab$

D) ☐ $(xy + ab)^2$

Si può dire che la superficie totale della torre è uguale alla somma delle superfici totali dei due parallelepipedi che la formano?

Sì, perché	No, perché
☐ la torre è la somma dei due solidi che la compongono ☐ si ragiona singolarmente sui due solidi e poi si sommano le due superfici calcolate	☐ bisogna sottrarre una faccia del solido che è alla base e una faccia del solido che vi è appoggiato ☐ bisogna calcolare la somma della superficie totale del solido che è alla base e della superficie laterale del solido che vi è appoggiato

9. Il segmento $\overline{AB}$ ha per estremi A (-2; 1) e B (6; 4). Quale affermazione risulta sbagliata?

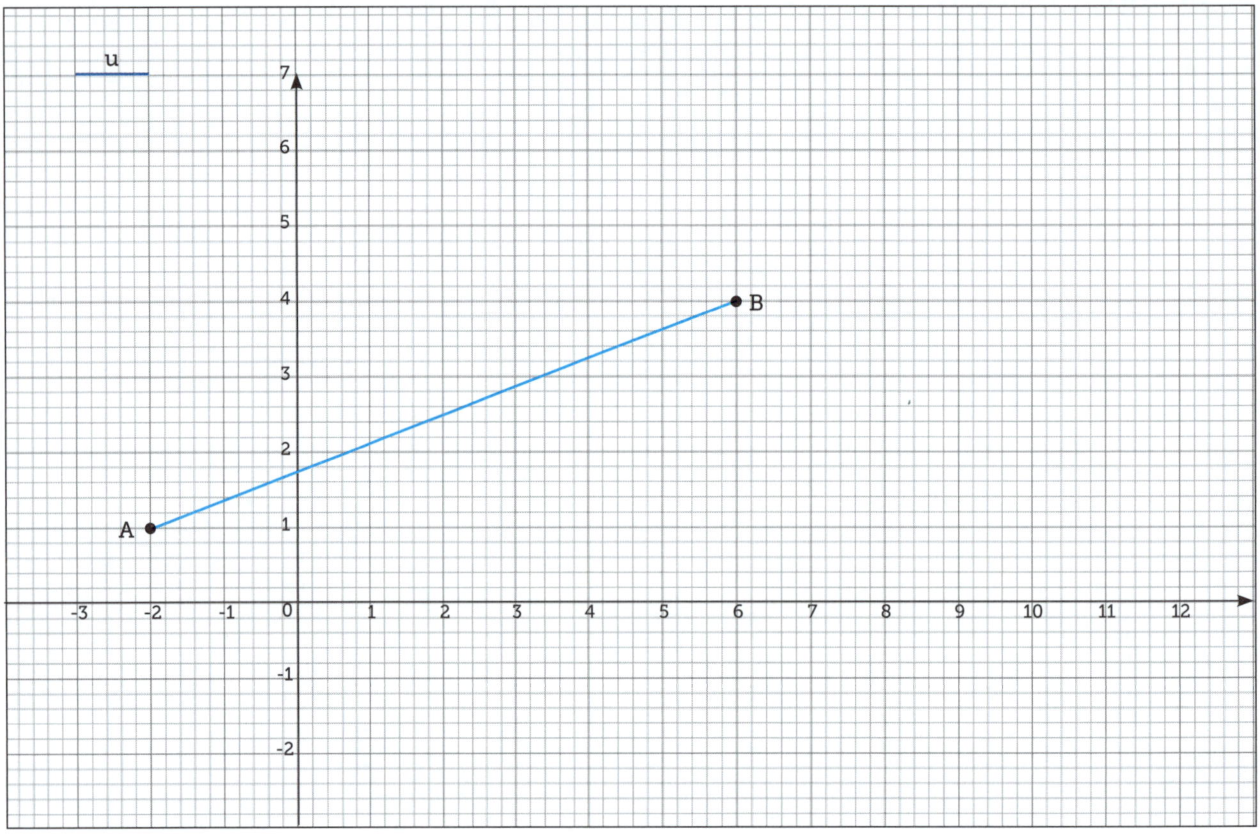

A) ❑ Il punto medio del segmento $\overline{AB}$ è nel primo quadrante

B) ❑ L'asse del segmento passa per $(2; \frac{5}{2})$

C) ❑ La distanza tra A e B può essere calcolata con $d = |x_B - x_A|$

D) ❑ Il segmento ha lunghezza $\sqrt{73}\ u$

10. Un'indagine su 200 intervistati viene riportata in un diagramma. Il settore circolare relativo al Calcio è quello maggiore. Qual è il relativo angolo al centro?

CALCIO	60	**PALLAVOLO**	30	**PALLACANESTRO**	15	**TENNIS**	12
NUOTO	26	**CICLISMO**	15	**ATLETICA**	20	**SCI**	22

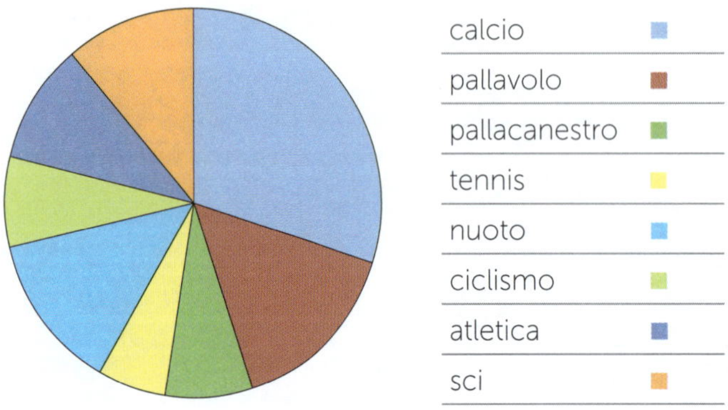

A) ❑ 200°

B) ❑ 108°

C) ❑ 130°

D) ❑ 124°

11. **Carlo sa che mantenendo la velocità costante di 80 km/h potrebbe arrivare a destinazione in 6 ore. Volendo abbassare il tempo di percorrenza a 4 ore, quale dovrebbe essere la velocità?**

A) ❑ 140 km/h
B) ❑ 110 km/h
C) ❑ 120 km/h
D) ❑ 105 km/h

12. **La terza parte della base è uguale alla metà dell'altezza. I dati proposti ci permettono di ricavare il perimetro?**

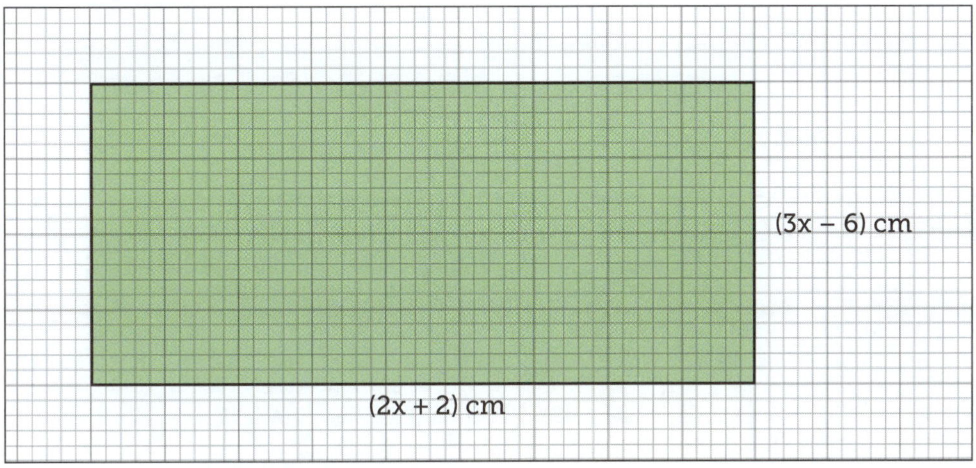

Si, perché	No, perché
❑ vado ad eguagliare i due dati e ricavo l'incognita	❑ non ho alcuna misura
❑ vado ad eguagliare il primo dato dividendolo per tre al secondo dato che viene diviso per due	❑ l'equazione mi fornisce un valore negativo

Il perimetro sarà di:

A) ❑ 36 cm
B) ❑ 18 cm
C) ❑ 24,6 cm
D) ❑ Non è possibile ricavarlo

13. **La piscina del mio fratellino ha una forma complessiva assimilabile a quella di un cilindro e viene riempita tramite una pompa che eroga 15 litri al minuto. Quanto tempo occorrerà se il diametro della base del cilindro è di 1,5 m e l'altezza di 60 cm?**

A) ❑ circa 88 minuti
B) ❑ circa 70 minuti
C) ❑ circa 64 minuti
D) ❑ circa 40 minuti

14. Le operazioni con la notazione scientifica non sono facili per Arnaldo. Eppure l'espressione da fare è molto semplice. Quale dovrebbe essere il risultato?

$$(3{,}2 \cdot 10^4 + 1{,}3 \cdot 10^4) \cdot 1{,}2 \cdot 10^8$$

A) ❑ $5{,}7 \cdot 10^{12}$
B) ❑ $5{,}4 \cdot 10^{32}$
C) ❑ $5{,}4 \cdot 10^{16}$
D) ❑ $5{,}4 \cdot 10^{12}$

15. Il testo del problema chiede di ricavare perimetro e area del triangolo ABC con i soli valori disponibili. È possibile trovare quanto richiesto?

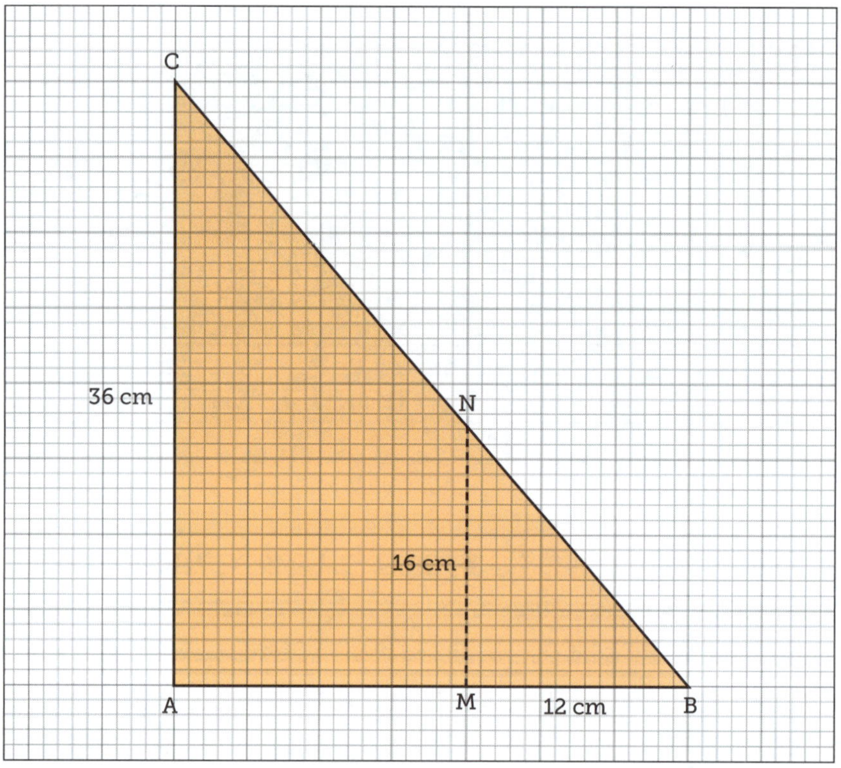

Si, perché	No, perché
❑ ricavo i lati che occorrono con i Teoremi di Euclide ❑ ricavo i lati che occorrono attraverso i rapporti di similitudine	❑ i dati non sono sufficienti ❑ non mi viene fornito un altro lato di ABC

Il perimetro e l'area hanno i seguenti valori:

A) ❑ 2p = 108 cm A = 486 cm^2
B) ❑ 2p = 120 cm A = 384 cm^2
C) ❑ 2p = 216 cm A = 420 cm^2
D) ❑ Non è possibile ricavarli

16. **Sulla spiaggia del lido ci sono 4 file di 15 ombrelloni. Un quarto di questi sono a righe blu e gialle in quarta fila, gli altri, tutti blu riempiono le prime tre file. Il bagnino prima del tramonto ha chiuso 40 ombrelloni, di cui 12 a righe. Qual è la probabilità che il prossimo ombrellone da chiudere sarà uno dell'ultima fila?**

- **A)** ❑ $\frac{3}{15}$
- **B)** ❑ $\frac{3}{20}$
- **C)** ❑ $\frac{1}{5}$
- **D)** ❑ $\frac{4}{5}$

17. **Lucia ha un dado che non rispetta la regola "*La somma dei numeri su ogni coppia di facce opposte è sempre 7*". Le facce opposte del suo dado sono numeri uno doppio dell'altro. Qual è la somma minima di tutte le coppie?**

- **A)** ❑ 24
- **B)** ❑ 21
- **C)** ❑ 16
- **D)** ❑ 22

18. **Gustavo deve trasformare 100 K in gradi Fahrenheit utilizzando la conversione proposta nell'immagine. Quale sarà il valore cercato?**

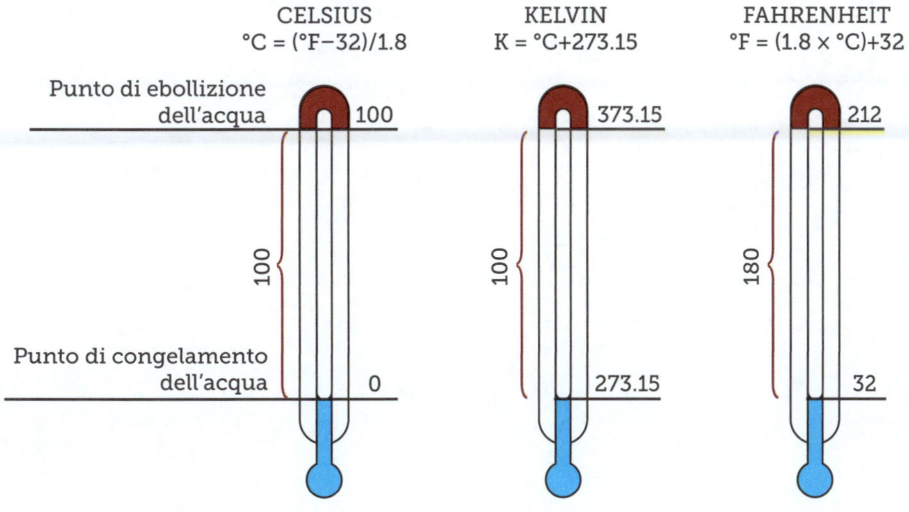

- **A)** ❑ 273,15 °F
- **B)** ❑ 100 °F
- **C)** ❑ −279,67 °F
- **D)** ❑ −373,15 °F

19. Da un rubinetto esce un getto d'acqua di 0,3 litri al secondo. Qual è il tempo per riempire una vasca lunga 160 cm, larga 70 cm e profonda 50 cm?

A) ☐ poco più di un'ora
B) ☐ più di 40 minuti
C) ☐ poco più di mezz'ora
D) ☐ meno di dieci minuti

20. Nell'urna sono stati inseriti tutti i nomi dei concorrenti delle due squadre che hanno partecipato alla gara di matematica:

Squadra verde	Squadra arancione
• Rebecca • Ettore • Viola • Zoe • Teodoro	• Giosuè • Matilda • Brando • Adam • Dalia

L'ultimo gioco consiste nel valutare correttamente le affermazioni. Quali sono vere?

		Vero	Falso
A)	La probabilità che venga estratto il nome di una bambina è maggiore di quella relativa al nome di un bambino	☐	☐
B)	La probabilità che venga estratto il nome di una bambina della squadra verde è del 30%	☐	☐
C)	Dopo l'uscita di due nominativi della squadra arancione la probabilità che esca il nome di un altro bambino della stessa squadra scende del 12,5 %	☐	☐
D)	Alla prima estrazione la probabilità che esca il nome di una bambina della squadra verde è pari a quella dell'uscita di un bambino della squadra arancione	☐	☐

AUTOVALUTAZIONE

HO RISPOSTO ESATTAMENTE A .... **QUESITI SU** **20**

PROVA F

1. **Tullio e Salvo usano per le loro scommesse due dadi di cui uno normale e l'altro con lettere dalla A alla F. Oggi puntano su chi offrirà la colazione al bar.**

   Tullio punta sull'uscita di una vocale e di un numero pari, mentre Salvo sull'uscita di una consonante e di un numero primo. Sai dire chi ha maggiori probabilità di evitare di pagare la colazione?

   Risposta ....

   Spiega il procedimento che hai seguito ....

2. **Per quali valori di m è possibile effettuare un confronto tra le superfici?**

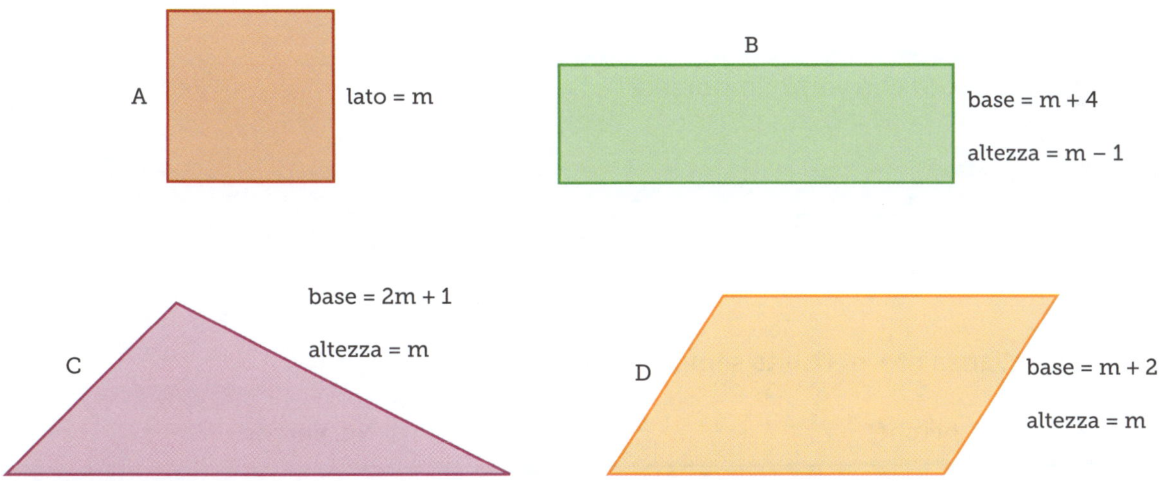

A) ❑ m = 1
B) ❑ m > 1
C) ❑ m = 0
D) ❑ Non è possibile effettuare il confronto

Quale poligono ha maggiore superficie?

A) ❑ Quadrato
B) ❑ Rettangolo
C) ❑ Triangolo
D) ❑ Parallelogramma

3. In tabella vengono riportate le spese effettuate in un fine settimana da 4 amici. A fine vacanza chi dovrà essere rimborsato dopo aver diviso equamente le quote?

	Noleggio auto	Rifornimenti auto	Pedaggi autostradali	Albergo	Ticket musei	Serata in discoteca
Samuele		€ 80	€ 120		€ 90	€ 50
Lorenzo		€ 160	€ 80			
Valeria	€ 220	€ 40				€ 90
Nicoletta		€ 50		€ 420	€ 40	

A) ❑ Valeria
B) ❑ Lorenzo
C) ❑ Samuele
D) ❑ Nicoletta

Quale sarà la quota che verrà rimborsata?

A) ❑ € 80
B) ❑ € 150
C) ❑ € 15
D) ❑ € 40

4. La disuguaglianza $n^4 > n^3$ risulta sempre vera?

Si, perché	No, perché
❑ una potenza quarta è sempre più grande di un cubo ❑ anche con valori non appartenenti ad N la disuguaglianza conserva il verso	❑ se n è negativo il verso si inverte ❑ se $n \in Q$ la disuguaglianza si può anche invertire

5. Per il suo fine settimana al mare di soli 3 giorni, Piero ha portato con sé 6 magliette, 3 pantaloncini e 2 diversi tipi di sandali. Quante combinazioni di abbigliamento può effettuare?

A) ❑ 12
B) ❑ 24
C) ❑ 36
D) ❑ 11

6. **Sofia ha ottenuto uno sconto del 25% sul suo acquisto e poi ancora uno sconto del 5% perché in possesso della card del negozio. Con questi dati è possibile conoscere lo sconto complessivo?**

Si, perché	No, perché
❑ basta sommare i due sconti che sono stati effettuati ❑ si può ricavare il tasso percentuale scegliendo un valore a piacere e calcolando lo sconto ottenuto su questo	❑ non si hanno dati sufficienti ❑ non è possibile effettuare il calcolo senza sapere il prezzo di partenza

Lo sconto totale ottenuto è del:

A) ❑ 30%

B) ❑ 28,75%

C) ❑ 27%

D) ❑ 28,5%

7. **Bernardo vorrebbe comprare una riproduzione di una famosa tela. Sa di avere a disposizione sulla parete una superficie libera di 4 m^2 a forma perfettamente quadrata e vuole occuparne la maggior parte. Se le dimensioni originali dell'opera sono 450 cm per 360 cm, quale riduzione conviene scegliere tra quelle proposte?**

A) ❑ riduzione del 25%

B) ❑ riduzione del 40%

C) ❑ riduzione del 50%

D) ❑ le riduzioni proposte portano a riproduzioni con superficie maggiore di quella a disposizione

8. La figura che si ottiene unendo i vertici A, B, C, D viene fatta ruotare intorno all'asse delle ascisse. Il solido che si ottiene sarà:

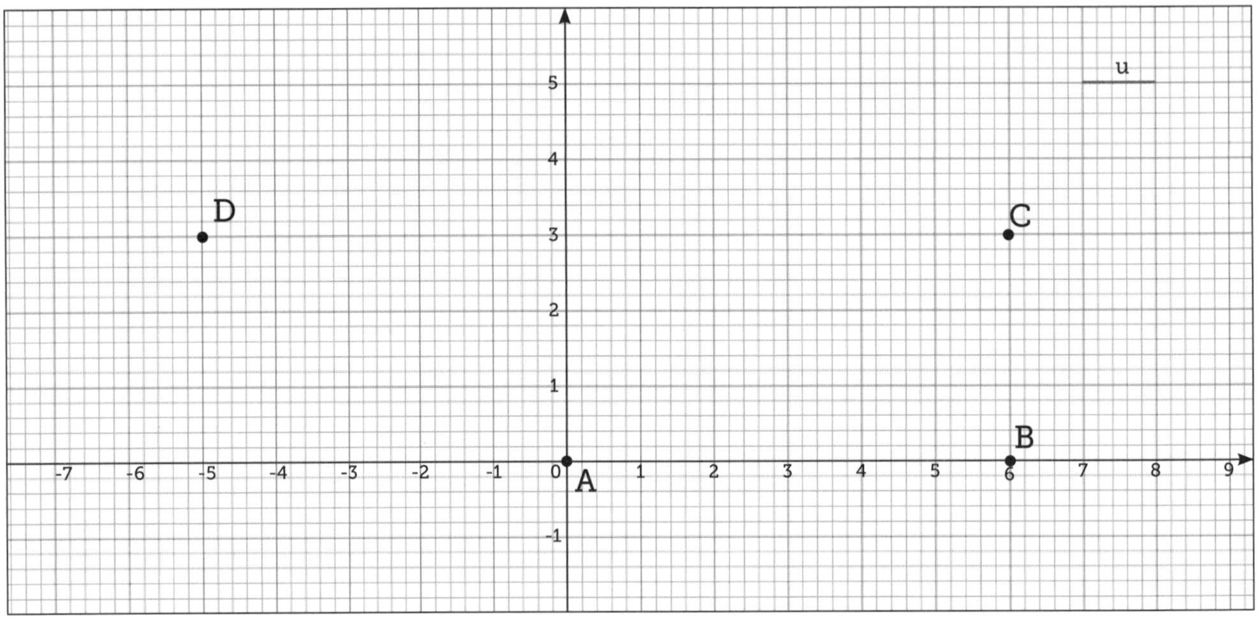

A) ❑ un trapezio rettangolo
B) ❑ un cilindro cavo
C) ❑ un cilindro
D) ❑ un cilindro sormontato da un cono

Il volume del solido sarà di:

A) ❑ 99π u^3
B) ❑ 84π u^3
C) ❑ 114π u^3
D) ❑ 90π u^3

9. Una parte di gara si è disputata su un tratto in salita. Si è passati da quota 120 m a quota 1450 m nel giro di 18 km. Quale pendenza hanno dovuto superare i corridori?

A) ❑ una pendenza inferiore al 5%
B) ❑ 12% di pendenza
C) ❑ 7% di pendenza
D) ❑ una pendenza superiore al 7%

10. Nel grafico è riportata la statistica di alcuni generi di libri letti in vacanza da un campione di alunni. Per errore non è stato inserito il dato percentuale relativo al romanzo storico. Puoi ricavare dal grafico quanti alunni sono stati intervistati sapendo che 15 di essi preferivano il genere non riportato?

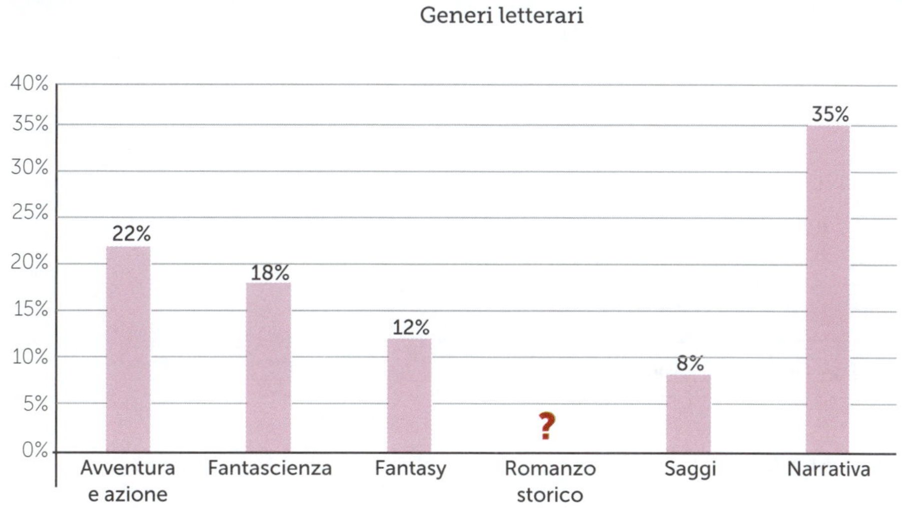

A) ❑ 240
B) ❑ 150
C) ❑ 300
D) ❑ 180

11. Quante sono le coppie di numeri naturali (con k pari e w dispari) che soddisfano la seguente uguaglianza?

$$3^3 \times 3^0 \times 3^k \times 3^w = 3^9$$

A) ❑ due coppie di valori
B) ❑ una sola coppia di valori
C) ❑ nessuna coppia
D) ❑ tre coppie di valori

12. Agata e Lidia, da due sfoglie rettangolari aventi uguali dimensioni, ricavano due forme circolari per dolci di raggio 7,5 cm dalla prima e dalla seconda 18 biscotti uguali di forma sempre circolare. In quale dei due casi resta più sfoglia inutilizzata?

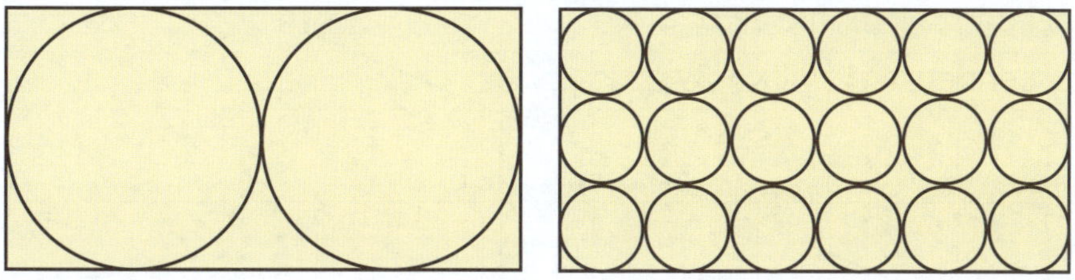

A) ❑ Nella prima sfoglia
B) ❑ Nella seconda sfoglia
C) ❑ La quantità inutilizzata è la stessa
D) ❑ Non è possibile confrontare le due situazioni

13. Considera l'insieme A = $\{-8, -\frac{3}{2}, -2, -1, 0, +\frac{1}{2}, +\frac{5}{3}, 3, ,7\}$ e un suo sottinsieme B = $\{x : x < -1\}$. Indica quali delle seguenti affermazioni sono vere:

		Vero	Falso
A)	$+\frac{1}{2}$ è un elemento dell'insieme B	❑	❑
B)	$-\frac{3}{2}$ appartiene all'insieme B	❑	❑
C)	−1 non appartiene a B	❑	❑
D)	tutti i numeri frazionari sono elementi di B	❑	❑

14. Se *n* è un numero dispari, quale tra quelli proposti può rappresentare un numero pari?

A) ❑ $n + 4$

B) ❑ $3n - 3$

C) ❑ $3n$

D) ❑ $6n + 1$

15. Solo uno dei punti appartiene alla retta riportata nel piano cartesiano. Quale?

A(0; 1) B(1; −1) C(0; 2) D(−1; 4)

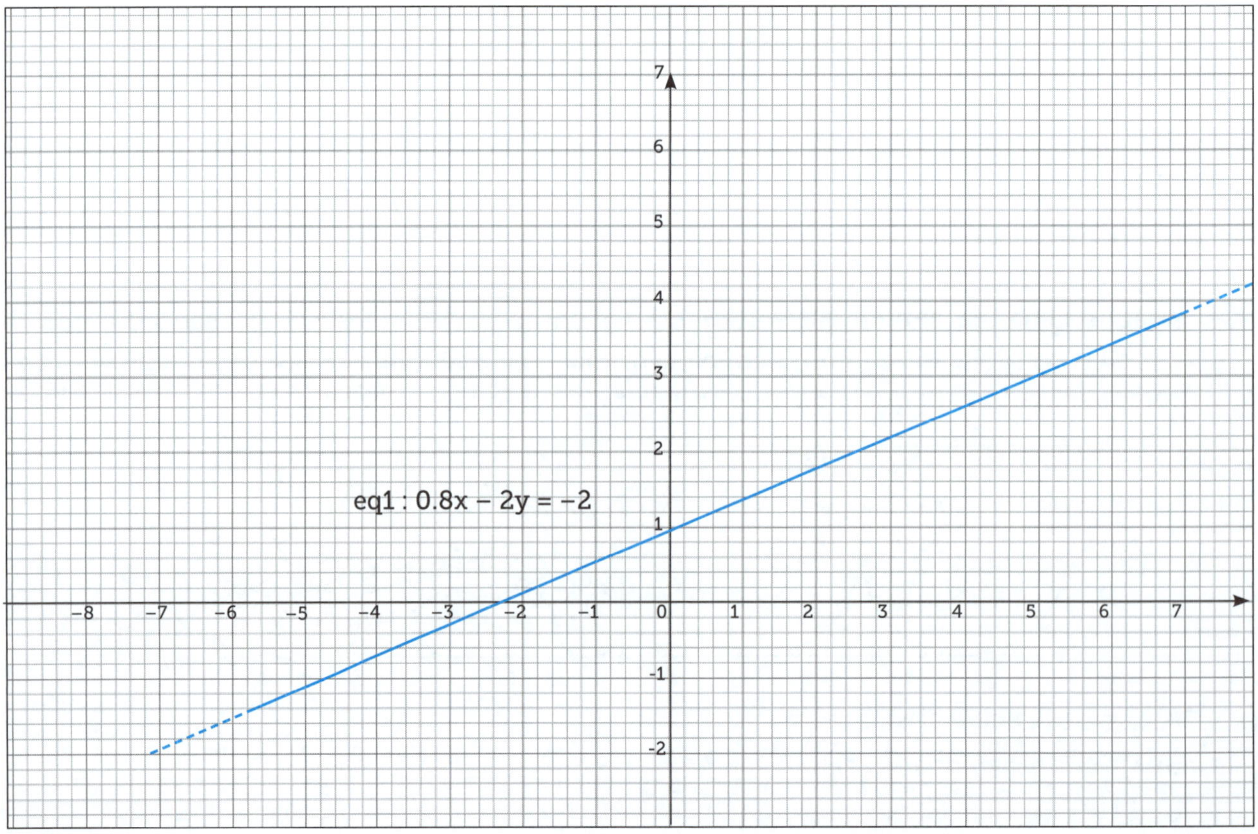

Spiega il ragionamento che hai fatto per stabilire l'appartenenza del punto.

....

....

....

16. In una serata tra amici, solo quattro di loro hanno bevuto. Stabilisci chi più degli altri!

A) ☐ Carlo: la metà di 4/5 di litro di vino
B) ☐ Andrea: il doppio della quarta parte di un litro di vino
C) ☐ Samuele: la metà di 5/4 di un litro di vino
D) ☐ Marco: il triplo della quinta parte di un litro di vino

17. Le località A e B distano sulla cartina 2,5 cm e si sa che la scala della stessa è di 1 : 250000. Le località B e C distano invece 4,2 cm su una cartina con scala 1 : 300000. È possibile stabilire la distanza tra le località A e C, sapendo che le località A, B e C sono allineate?

Si, perché	No, perché
☐ è possibile trasformare le distanze in scala in distanze reali ☐ è possibile sommare i rapporti in scala ed avere il rapporto complessivo	☐ non si hanno dati sufficienti ☐ non è possibile effettuare il calcolo senza avere lo stesso rapporto in scala

Le due località hanno una distanza:

A) ☐ inferiore a 12 km
B) ☐ superiore a 20 km ma inferiore a 22 km
C) ☐ compresa tra 18 km e 19 km
D) ☐ non è possibile calcolare la distanza

18. Federica ha un'età che è la terza parte di quella del padre. Quale, se l'età del genitore è

$$(101010)_2$$

Risposta ....

19. Il perimetro della figura si calcola mediante solo una delle espressioni riportate. Quale?

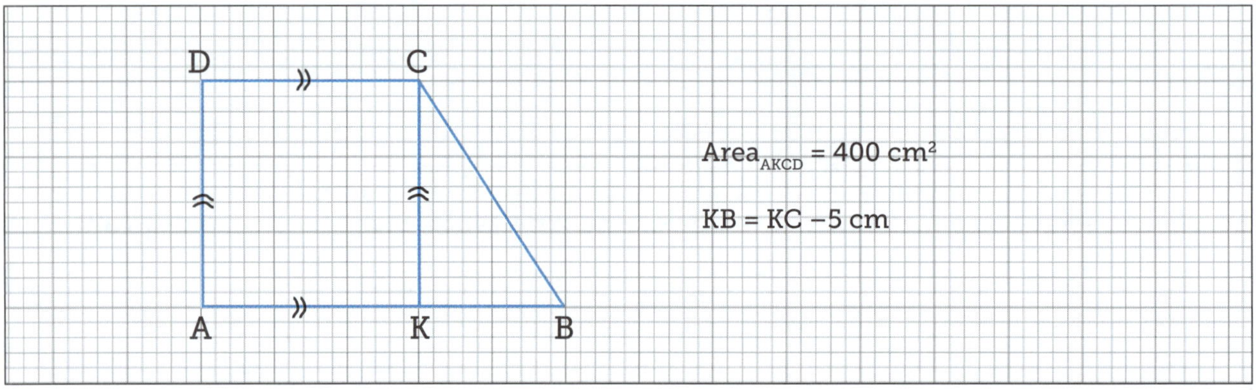

A) ❑ $4\sqrt{400cm^2}+\left(\sqrt{400cm^2}-5\right)+\sqrt{\left(\sqrt{400cm^2}\right)^2-\left(\sqrt{400cm^2}-5\right)^2}$

B) ❑ $4\sqrt{400cm^2}+\left(\sqrt{400cm^2}+5\right)+\sqrt{\left(\sqrt{400cm^2}\right)^2+\left(\sqrt{400cm^2}-5\right)^2}$

C) ❑ $3\sqrt{400cm^2}+\left(\sqrt{400cm^2}-5\right)+\sqrt{\left(\sqrt{400cm^2}\right)^2+\left(\sqrt{400cm^2}-5\right)^2}$

D) ❑ $3\sqrt{400cm^2}+2\left(\sqrt{400cm^2}-5\right)+\sqrt{\left(\sqrt{400cm^2}\right)^2+\left(\sqrt{400cm^2}-5\right)^2}$

20. Beppe: "Sono sicuro che nel lancio di due dadi la probabilità di uscita di una coppia di numeri uguali è superiore a quella di uscita di due numeri la cui somma è maggiore di 10". Geppo: "Penso che sia il contrario: la probabilità che escano due valori la cui somma è superiore a 10 è sicuramente superiore a quella di uscita di una coppia di numeri uguali".

a. Chi ha ragione?

A) ❑ Geppo

B) ❑ Beppe

C) ❑ La probabilità è uguale

D) ❑ Non è possibile confrontare i valori di probabilità

b. Quali sono i valori di probabilità?

Uscita coppia di numeri uguali	Uscita coppia di numeri con somma superiore a dieci
....	....

AUTOVALUTAZIONE

HO RISPOSTO ESATTAMENTE A	....	QUESITI SU	20

Pronti per l'**Esame di Stato!**

Superiamo la Prova di **MATEMATICA**

Ultimo sprint finale per affrontare la prova d'esame di matematica! Qualche esercizio guidato, alcuni suggerimenti, quesiti ed esempi di prove complete per prepararti ad affrontare al meglio il tuo esame! In bocca al lupo!

1. La Prova scritta di Matematica

Quest'anno tocca a te affrontare l'Esame di Stato conclusivo della Scuola Secondaria di I Grado ed in particolare la Prova di Matematica è sempre quella che mette un po' di paura. Prima di cominciare ad esercitarti, vediamo il Ministero cosa prevede per la prova in modo da arrivare all'esame senza grandi sorprese.

Il Decreto ministeriale 741 del 3 ottobre 2017 ha introdotto delle novità nell'Esame di Stato conclusivo del primo ciclo di istruzione. In particolare, all'art. 8 viene descritta la **prova scritta relativa alle competenze logico-matematiche**:

1. *La prova scritta relativa alle competenze logico-matematiche accerta la capacità di rielaborazione e di organizzazione delle conoscenze, delle abilità e delle competenze acquisite dalle alunne e dagli alunni nelle seguenti aree: numeri; spazio e figure; relazioni e funzioni; dati e previsioni.*
2. *La commissione predispone almeno tre tracce, ciascuna riferita alle due seguenti tipologie*:
   a) *problemi articolati su una o più richieste;*
   b) *quesiti a risposta aperta.*
3. *Nella predisposizione delle tracce la commissione può fare riferimento anche ai metodi di analisi, organizzazione e rappresentazione dei dati, caratteristici del pensiero computazionale.*
4. *Qualora vengano proposti più problemi o quesiti, le relative soluzioni non devono essere dipendenti l'una dall'altra, per evitare che la loro progressione pregiudichi l'esecuzione della prova stessa.*
5. *Nel giorno di effettuazione della prova la commissione sorteggia la traccia che viene proposta ai candidati.*

Nel documento si citano *le competenze* e si fa espressamente riferimento a *capacità di rielaborazione e di organizzazione*: si sottolinea, dunque, l'importanza che la prova sia volta a far emergere le **competenze** degli alunni e non solo le conoscenze e le abilità. Si introduce la possibilità dei **quesiti a risposta aperta**, che consentono ai ragazzi maggiore possibilità di dimostrare di aver acquisito i concetti e di saperli utilizzare e strutturare in modo creativo.

Ti si richiede di passare **dal sapere al saper fare**, non applicare semplicemente regole e formule, ma riuscire a saper usare le conoscenze apprese, per capirne delle altre, per connetterle ad ulteriori conoscenze o applicarle anche in ambiti diversi, per risolvere un problema o una situazione della vita reale. Ricorda che la Commissione stabilisce che la durata della Prova non deve superare le quattro ore: in genere le Scuole prevedono 3 ore per la Prova di Matematica.

2. I contenuti della Prova

Poiché l'articolo del Decreto lascia intendere che la Prova può contenere problemi o quesiti, iniziamo a fare una distinzione tra le due tipologie:

- per **problema** si intende una situazione, che faccia eventualmente riferimento a contesti reali e contestualizzati, che prevede un procedimento risolutivo in più passi successivi;
- per **quesito** si intende una domanda che prevede una risposta o una soluzione più diretta, in termini di calcolo, definizioni e argomentazioni logiche.

Sia i problemi che i quesiti possono essere inquadrati in situazioni reali, con riferimento a temi sociali, scientifici, tecnologici, contenendo riferimenti a qualsiasi ambito disciplinare.

Premesso che le Prove sono proposte dalle singole Scuole e quindi risultano diverse per ogni Istituto, questa guida vuole dare indicazioni generali, ma non esaustive, su come affrontare i possibili problemi/quesiti in cui la Prova può essere articolata.
Proponiamo, dunque, qualche esempio di traccia per darti uno strumento che ti aiuti ad allenarti e prepararti ad affrontare la Prova con maggiore sicurezza, ma poi saranno gli insegnanti della tua Scuola a stabilire i contenuti da inserire nella Prova d'esame.

Negli esempi delle tracce proposte sarà prevalente uno degli ambiti indicati: Numeri – Spazio e Figure – Dati e Previsioni – Relazioni e Funzioni; ma i problemi possono essere composti da più richieste e tipologie di esercizi.

Abbiamo scelto di proporre una serie di possibili quesiti suddivisi per argomenti, considerando i temi che compaiono più frequentemente:

- **Algebra**: equazioni di primo grado con verifica;
- **Geometria analitica**: rappresentazione di punti e funzioni sul piano cartesiano;
- **Geometria piana e solida** (problemi con triangoli, quadrilateri, cerchio, cubo, prisma, piramide, cono, cilindro...);
- **Statistica e Probabilità**: lettura e costruzione di grafici, interpretazione e realizzazione di tabelle di dati, calcolo della probabilità;
- **Altri Ambiti disciplinari**: quesiti di scienze e tecnologia.

Prima di tutto... qualche CONSIGLIO utile:

- Leggi bene tutte le tracce e parti con quella in cui ti senti più sicuro.
- Concediti il tempo giusto per comprendere cosa richiede l'esercizio.
- Esegui e ricontrolla per bene tutti i calcoli, i passaggi e i procedimenti.

"**Non ci sono cose possibili o cose impossibili,
ma cose che si sanno fare e cose che non si sanno fare!**"

Siamo pronti? Iniziamo!

› 2.1 Algebra

La parte di algebra della Prova sarà articolata sulla risoluzione di equazioni di primo grado in una incognita: sarà richiesto di risolvere una o più equazioni, a coefficienti interi o frazionari, verificarne la soluzione, classificare e confrontare le equazioni assegnate o, in prove più strutturate, sarà presentato un problema reale da cui partire per ricavare un'equazione da risolvere per arrivare alla soluzione.

CONSIGLIO
inizia con l'esecuzione dei calcoli algebrici richiesti e presta ben attenzione ai segni!

ESEMPIO 2.1.A

Risolvi le equazioni seguenti eseguendo, quando possibile, la verifica:

- $2(3x - 1) + 4x = 5(2x - 3) + 13$
- $5 - x + 2(3 - x) = 4 - 3(1 + x) + 7$
- $5x - 2(x - 1) = 3(2x - 3) + 4x - 3$
- $\frac{10+x}{5} + \frac{x-4}{5} = \frac{x+4}{3}$

Ci sono equazioni equivalenti? Giustifica la tua risposta

Risolviamo insieme

- $2(3x - 1) + 4x = 5(2x - 3) + 13$

Svolgiamo i calcoli richiesti, dando la priorità in base alle regole algebriche che conosci:

$$6x - 2 + 4x = 10x - 15 + 13$$

Adesso "trasportiamo" i termini con l'incognita al primo membro e lasciamo i termini noti al secondo membro (primo principio di equivalenza delle equazioni):

$$6x + 4x - 10x = - 15 + 13 + 2$$

Eseguendo le somme algebriche, otteniamo:

$0x = 0$ → L'equazione è **INDETERMINATA**

- $5 - x + 2(3 - x) = 4 - 3(1 + x) + 7$

  $5 - x + 6 - 2x = 4 - 3 - 3x + 7$

  $- x - 2x + 3x = 4 - 3 + 7 - 5 - 6$

$0x = - 3$ → L'equazione è **IMPOSSIBILE**

RICORDA
un'equazione può essere *determinata* (ha una sola soluzione), *impossibile* (non ammette soluzioni) e *indeterminata* (ha infinite soluzioni).

- $5x - 2(x - 1) = 3(2x - 3) + 4x - 3$

  $5x - 2x + 2 = 6x - 9 + 4x - 3$

  $5x - 2x - 6x - 4x = - 9 - 3 - 2$

  $-7x = - 14$

  $\frac{-7x}{-7} = \frac{-14}{-7}$

$x = +2$ → L'equazione è **DETERMINATA** e la soluzione è $x = 2$

Verifichiamo la soluzione, sostituendo il valore nell'equazione assegnata al posto dell'incognita x e eseguendo i calcoli:

$5(2) - 2(2 - 1) = 3(2(2) - 3) + 4(2) - 3$

$10 - 2(1) = 3(4 - 3) + 8 - 3$

$10 - 2 = 3\,(1) + 8 - 3$

8 = 8 → Abbiamo ottenuto un'identità: l'equazione è verificata!

- $\frac{10+x}{5}+\frac{x-4}{5}=\frac{x+4}{3}$

Questa è un'equazione a coefficienti frazionari, dobbiamo determinare il minimo comune multiplo tra i denominatori:

$$\frac{30+3x+3x-12}{15}=\frac{5x+20}{15}$$

Moltiplichiamo entrambi i membri per 15 (secondo principio di equivalenza delle equazioni):

$$15\cdot\frac{30+3x+3x-12}{15}=\frac{5x+20}{15}\cdot 15$$

ottenendo così un'equazione a coefficienti interi:

$$30+3x+3x-12=5x+20$$

e procediamo allora come già descritto:

$$+3x+3x-5x=+20-30+12$$

x= +2 → L'equazione è **DETERMINATA** e la soluzione è x = 2

Sai verificarla da solo?

Le ultime due equazioni sono EQUIVALENTI.

RICORDA
due equazioni sono *equivalenti* quando ammettono le stesse soluzioni.

Vediamo adesso qualche esempio di problemi che si possono risolvere tramite un'equazione.

CONSIGLIO
leggi e rifletti, individua nel testo del quesito la grandezza che corrisponde all'incognita e ricava tutti i dati in funzione dell'incognita che hai posto. Poi risolvi l'equazione!

ESEMPIO 2.1.B

Quanti sono i ragazzi di un'associazione sportiva se la metà di questi pratica il calcio, $\frac{1}{4}$ di essi il basket e 25 il tennis?

Risolviamo insieme

Leggiamo i dati del problema... qual è la relazione che li lega?

la metà dei ragazzi pratica il CALCIO
$\frac{1}{4}$ dei ragazzi praticano il BASKET
25 ragazzi praticano il tennis

} TUTTI insieme formano il TOTALE dei ragazzi (che non conosciamo: questa è la nostra incognita x!)

Il dato mancante è il numero di **ragazzi** iscritti che poniamo come valore incognito x.

Traduciamo in linguaggio matematico i dati del problema e procediamo scrivendo l'equazione risolutiva:

$$\frac{1}{2}x+\frac{1}{4}x+25=x$$

...che puoi cercare di risolvere da solo, ricavando la soluzione x = 100.

Attraverso l'equazione sei riuscito a ricavare la soluzione al tuo problema: i ragazzi iscritti all'associazione sportiva sono 100.

ESEMPIO 2.1.C

Se aggiungi 18 € ai $\frac{2}{3}$ dei soldi che Barbara ha in tasca, si ottengono 64 €. Quanti soldi ha Barbara?

Risolviamo insieme

Leggiamo i dati del problema... come sono legati tra loro?

Barbara ha una "certa" **cifra** in tasca (che non conosciamo: questa è la nostra incognita x!).

Se aggiungiamo (*quindi si parla di addizione!*) 18 € ai $\frac{2}{3}$ della cifra → si ottiene 64 €

Il dato mancante è la cifra iniziale che Barbara ha in tasca che poniamo come valore incognito *x*.
Traduciamo in linguaggio matematico i dati del problema e procediamo scrivendo l'equazione risolutiva:

$$18+\frac{2}{3}x=64$$

...che riuscirai sicuramente a risolvere da solo, ricavando la soluzione x = 69.

Barbara inizialmente possedeva 69 €.

› 2.2 Geometria analitica

Nell'ambito della geometria analitica, si possono riscontrare diverse tipologie di esercizi, tra cui:

- disegnare figure geometriche aventi per vertici i punti di coordinate assegnate;
- rappresentare una o più rette con equazioni date.

Oltre la rappresentazione grafica, l'esercizio può presentare altre richieste, osservazioni e motivazioni delle risposte.

ESEMPIO 2.2.A

In un piano cartesiano rappresenta i punti di coordinate:

A (+ 1 ; – 1) B (+ 1 ; + 3) C (+ 4 ; + 3)

- Descrivi il triangolo così ottenuto
- Calcola la lunghezza del suo perimetro e la sua area, supponendo che l'unità di misura fissata sul piano cartesiano sia u = 1 cm
- Disegna il triangolo A'B'C' simmetrico del triangolo ABC rispetto all'asse y e scrivi le coordinate dei vertici

CONSIGLIO
disegna in modo preciso il piano cartesiano, orientando gli assi e ponendo attenzione ai segni dei numeri nei diversi quadranti.

Svolgiamo insieme

Disegna attentamente nel piano cartesiano i punti assegnati ricordando che le coordinate sono rappresentate da una coppia ordinata di numeri: il primo è l'**ascissa**, che va posizionata sull'asse x (asse orizzontale) e il secondo è l'**ordinata**, che va posizionata sull'asse y (asse verticale).

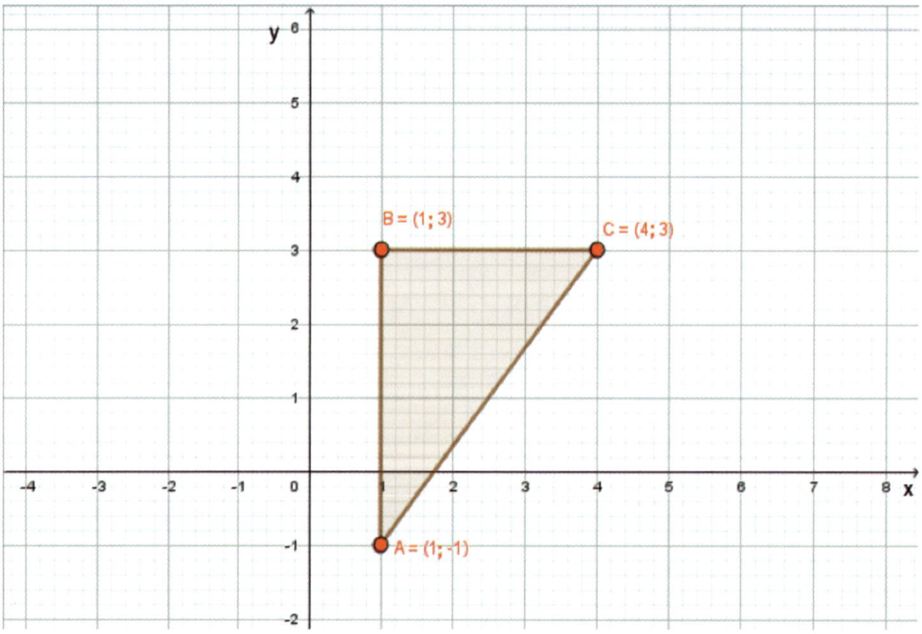

Il triangolo ABC ottenuto congiungendo i punti A, B e C è un triangolo rettangolo scaleno, rettangolo nel vertice $\hat{B}$.

Per calcolare la lunghezza del suo perimetro, calcoliamo le misure dei tre lati:

$$\text{perimetro} = \overline{AB} + \overline{BC} + \overline{AC}$$

Poiché i punti A e B hanno la stessa ascissa, la loro distanza è data dalla differenza, in valore assoluto, delle loro ordinate: $\overline{AB} = |+3+1| = 4\text{cm}$

Poiché i punti B e C hanno la stessa ordinata, la loro distanza è data dalla differenza, in valore assoluto, delle loro ascisse: $\overline{BC} = |+4-1| = 3\text{cm}$

Applicando la formula della distanza di due punti (ovvero il Teorema di Pitagora al triangolo rettangolo ABC), calcoliamo l'ipotenusa $\overline{AC}$:

$$\overline{AC} = \sqrt{(x_A - x_c)^2 + (y_A - y_C)^2} = \sqrt{(+1-4)^2 + (-1-3)^2} = \sqrt{(-3)^2 + (-4)^2} = \sqrt{9+16} = \sqrt{25} = 5\text{cm}$$

Il perimetro sarà:

$$perimetro = 4\text{ cm} + 3\text{ cm} + 5\text{ cm} = 12\text{ cm}$$

Calcoliamo l'area:

$$Area = \frac{\overline{AB} \cdot \overline{BC}}{2} = (4\text{ cm} \cdot 3\text{ cm}) : 2 = 6\text{ cm}$$

Tracciamo, come in figura, il triangolo A'B'C' simmetrico di ABC rispetto all'asse y:

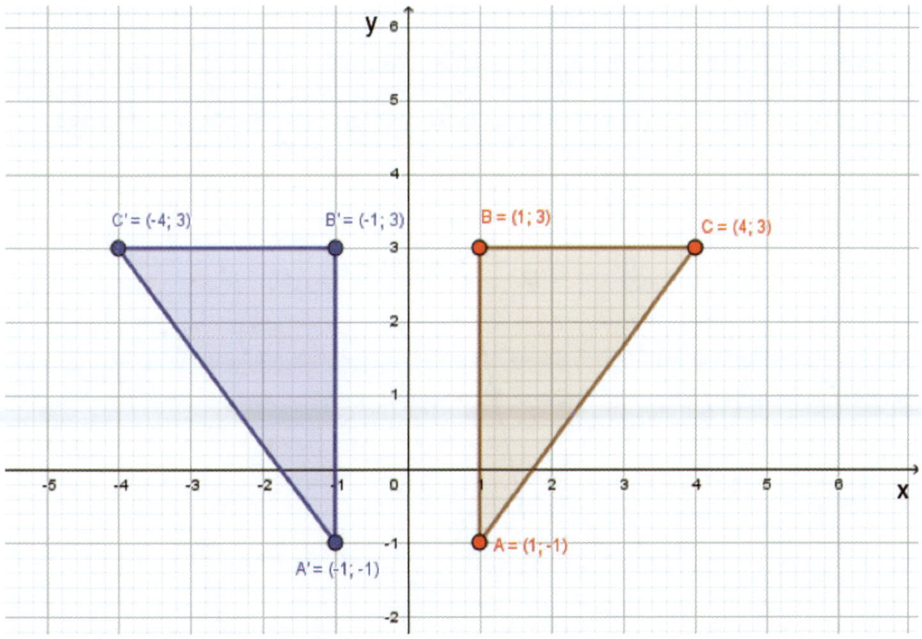

I suoi vertici hanno coordinate: A' (– 1; – 1) B' (– 1; + 3) C' (– 4; + 3)

ESEMPIO 2.2.B

Rappresenta in un sistema di riferimento cartesiano le rette con le seguenti equazioni:

- y = 4x
- y = 4x – 7

Descrivi le due funzioni.

Come sono le due rette? Motiva la tua risposta.

Svolgiamo insieme

Guarda le equazioni delle due rette e rifletti:

Le due rette sono parallele?

Le rette passano per l'origine?

Per rappresentarle, costruiamo la tabella dei valori e ricaviamo le coordinate di due punti (*sono sufficienti!)* per ognuna delle rette:

• $y = 4x$

x	y
0	0
1	4

• $y = 4x - 7$

x	y
0	-7
2	1

IMPORTANTE

osservando l'equazione di una retta, è già possibile ricavare qualche informazione:

- se il termine noto (ordinata all'origine) è nullo la retta passa per l'origine
- se il coefficiente angolare è positivo la retta forma un angolo acuto con l'asse x, mentre se è negativo l'angolo è ottuso
- se due rette hanno lo stesso coefficiente angolare sono parallele

Disegniamo un piano cartesiano e riportiamo i punti trovati per disegnare le rette:

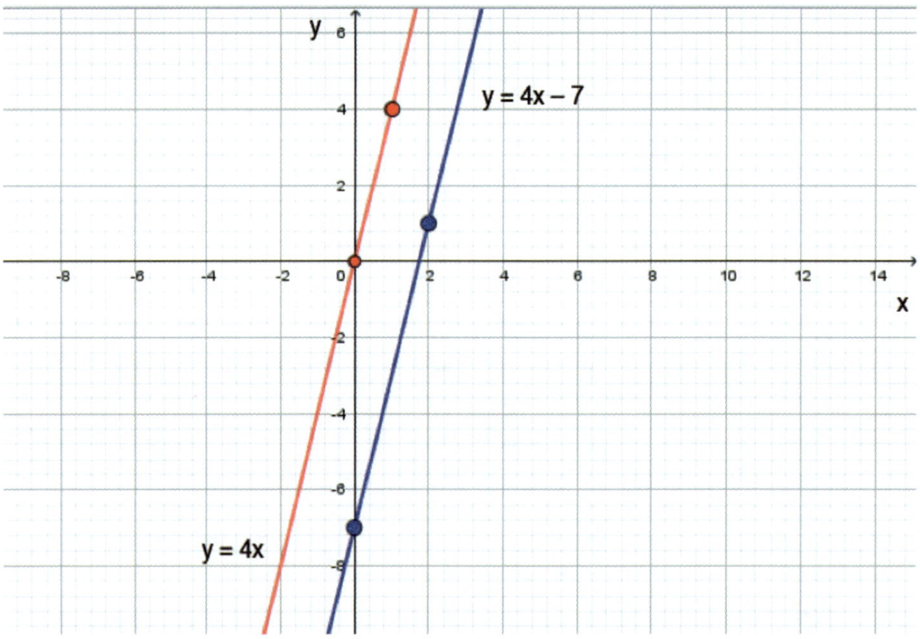

Le due rette risultano parallele, visto che hanno lo stesso coefficiente angolare.

› 2.3 Geometria piana e solida

Il problema di geometria può essere incentrato su una o più figure solide, poliedri o solidi di rotazione oppure partire da una figura geometrica piana da cui costruire solidi più complessi. Potrebbero essere presentati più punti a difficoltà crescente ed eventualmente anche un quesito che richieda la conoscenza della relazione tra peso, volume e peso specifico oppure tra massa e densità.
Il consiglio che ti diamo è ripetere bene la teoria studiata nei tre anni, le formule e le proprietà relative alle figure geometriche piane e solide.

CONSIGLIO
dinanzi a un problema, parti dalla formula che serve per ricavare ciò che è richiesto, ragiona e cerca di capire il procedimento logico con cui risalire, via via tramite le formule inverse, a ciò che manca per applicare poi la formula risolutiva e giungere alla soluzione!

ESEMPIO 2.3.A

Una piscina ha la forma di un parallelepipedo rettangolo, avente le dimensioni della base di 6 m e 10 m e la profondità di 8 m.

a) Calcola quanti litri d'acqua sono necessari per riempirla tutta.
b) Se nella piscina sono stati versati 330 m^3 di acqua, a che altezza arriva l'acqua?

Risolviamo insieme

Per calcolare quanta acqua può contenere la piscina, dobbiamo calcolare il suo volume.
Conoscendo le formule del parallelepipedo, sai:

$$V = A_{base} \cdot h$$, dove *h* è l'altezza (la profondità)

Abbiamo tutti i dati per poter applicare la formula: $V = 6m \cdot 10m \cdot 8m = 480\ m^3$

Per riempire tutta la piscina serviranno dunque 480000 litri d'acqua pari a → 4800 hl di acqua

RICORDA
un litro d'acqua corrisponde a 1 dm^3 in termini di volume, da cui puoi ricavare che 1 m^3 = 1000 litri.

Per la seconda richiesta, osserviamo che ci viene detto che la piscina è riempita solo in parte; per la precisione, sono stati versati 330 m^3 di acqua.

In questo caso, dunque, sempre partendo dalla formula nota del volume del parallelepipedo, puoi ricavare l'altezza richiesta:

$$V = A_{base} \cdot h \rightarrow h = \ldots\ldots\ldots\ldots$$

Sostituendo a V il valore del volume di 330 m^3 e l'area di base di 60m^2, potrai ricavare a che altezza arriva l'acqua e dare la risposta al quesito.

ESEMPIO 2.3.B

Consideriamo un foglio di carta A4, di forma rettangolare con dimensioni pari a 21 cm e 30 cm. Calcolane l'area, il perimetro e la diagonale.

Con questo foglio è possibile costruire due cilindri diversi, arrotolando il foglio in entrambi i lati, facendo combaciare prima una coppia di lati e poi l'altra.
I cilindri avranno lo stesso volume? E come sono la superficie laterale e totale?
Per verificare le tue assunzioni, calcola l'area della superficie laterale e totale e il volume dei cilindri ottenuti.

Risolviamo insieme

Tralasciando i passaggi per calcolare l'area, il perimetro e la diagonale del rettangolo con le dimensioni assegnate (siamo sicuri che riesci a farlo senza problemi da solo!), passiamo alla situazione proposta:

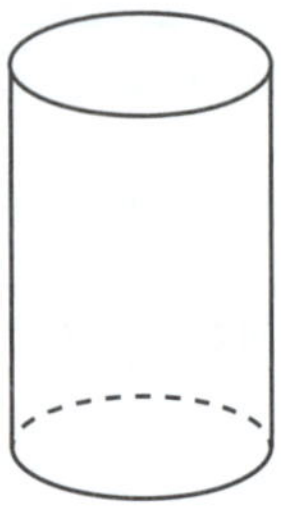
Cilindro 1

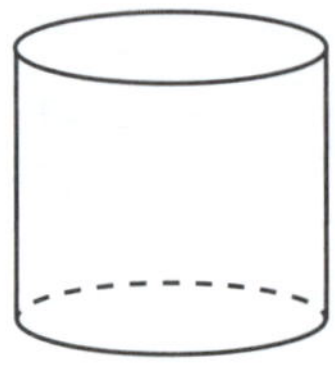
Cilindro 2

Rifletti:
Cosa puoi intuire osservando i due cilindri così ottenuti?
La loro superficie laterale a quale parte dell'intero foglio di partenza corrisponde?
Facendo combaciare prima una coppia di lati e poi l'altra, le circonferenze che si formano alla base sono uguali?
I cilindri ti sembrano equivalenti?

Applichiamo le formule studiate per il cilindro e verifichiamo le osservazioni precedenti!

Consideriamo prima il **Cilindro 1**, che ha l'altezza di 30 cm.
Il perimetro della base, ovvero la lunghezza della circonferenza di base, sarà pari all'altra dimensione del foglio: 21 cm.

La sua superficie laterale si calcola nel seguente modo: $S_{laterale} = p_{base} \cdot h = 21 \cdot 30 = 630 cm^2$

Conoscendo la lunghezza della circonferenza di base, puoi calcolare il raggio di base:
$r = p_{base} \div 2\pi$, che ti servirà per calcolare l'area del cerchio di base: $A_{base} = r^2 \cdot \pi$
A questo punto, applicando le formule, puoi calcolare la superficie totale e il volume:

$S_{totale} = S_{laterale} + 2 \cdot A_{base} = 700{,}04\ cm^2$ e $V = A_{base} \cdot h = 1050{,}6\ cm^3$

Ripeti lo stesso procedimento per calcolare le informazioni relative al **Cilindro 2** e verifica, giustificando numericamente, le tue risposte.

› 2.4 Dati, Statistica e Probabilità

Sempre di più è richiesto che gli alunni siano in grado di analizzare dei dati ed interpretarli, sviluppando deduzioni e ragionamenti anche con l'aiuto di rappresentazioni grafiche.
Gli esempi che seguono danno la possibilità di partire da una situazione reale ed applicare le nozioni matematiche per ricavare le informazioni.

CONSIGLIO
rivedi i concetti di media, moda e mediana, frequenza assoluta e relativa e le percentuali; i tipi di grafici per la rappresentazione dei dati; la probabilità degli eventi.

ESEMPIO 2.4.A

Le lettere della parola MATEMATICA vengono scritte su un foglio di carta, ritagliate e poste in un sacchetto. Se estraiamo una lettera a caso, calcola:

a) la probabilità di estrarre una consonante
b) la probabilità di estrarre la lettera "A"

RICORDA
la *probabilità* è il rapporto tra i casi favorevoli e il numero dei casi possibili.

Risolviamo insieme

Rifletti:
Quante lettere ritaglieremo? **10**: tante quante sono le lettere della parola M-A-T-E-M-A-T-I-C-A
→ *queste corrispondono ai "casi possibili"*

a) *Quante sono le consonanti della parola M-A-T-E-M-A-T-I-C-A?* → **5**: *sono i "casi favorevoli"*

La probabilità da calcolare è data dal rapporto: $p = \frac{5}{10} = \frac{1}{2} = 0{,}5$ (che corrisponde al 50%)

b) *Quante sono le lettere "A" nella parola M-A-T-E-M-A-T-I-C-A?* → **3**: *sono i "casi favorevoli"*

La probabilità di estrarre la lettera "A" è data dal rapporto: $p = \frac{3}{10} = 0{,}3$ (che corrisponde al 30%)

ESEMPIO 2.4.B

Quando lanci un dado, qual è la probabilità:

a) che nel lancio esca un numero dispari?
b) che nel lancio esca un numero minore di 4?
c) che lanciando due dadi escano due numeri uguali?

Rifletti:
Quante facce ha un dado? ...... → *queste corrispondono ai "casi possibili"*
a) *Quante sono le facce con un numero dispari?*
...... → *queste corrispondono ai "casi favorevoli"* → p = ...
b) *Quante sono le facce con un numero minore di 4?*
...... → *queste corrispondono ai "casi favorevoli"* → p = ...
c) *Quanti sono i "casi favorevoli" affinché nel lancio di due dadi escano due numeri uguali?*
→ p = ...

ESEMPIO 2.4.C

Da un'indagine statistica tra i passeggeri di un autobus per conoscere le età degli utenti, è risultata la seguente situazione:

ANNI:

12 – 32 – 24 – 46 – 18 – 32 – 45 – 63 – 24 – 32 – 24 – 45 – 32 – 12 – 24 – 46 – 12 – 32 – 45 – 63

a) Raccogli i dati in una tabella indicando la frequenza assoluta, relativa e i valori percentuali
b) Rappresenta i dati con un istogramma
c) Calcola media, moda e mediana
d) Scegliendo a caso un passeggero, qual è la probabilità di trovarne uno con più di 40 anni?

Risolviamo insieme

Rifletti:

Quanti dati sono stati registrati in tutto?

Come si calcola la frequenza assoluta?

E quella relativa?

E il valore percentuale?

Osserviamo i dati dell'indagine statistica e costruiamo la tabella delle frequenze e percentuali:

Età Passeggeri	Frequenza Assoluta Quante volte si presenta il dato?	Frequenza Relativa	Percentuale
12	3	$\frac{3}{20} = 0,15$	15%
18	1	$\frac{1}{20} = 0,05$	5%
24	4	$\frac{4}{20} = 0,2$	20%
32	5	$\frac{5}{20} = 0,25$	25%
45	3	$\frac{3}{20} = 0,15$	15%
46	2	$\frac{2}{20} = 0,1$	10%
63	2	$\frac{2}{20} = 0,1$	10%

Per rappresentare i dati su un istogramma, scegliamo di inserire l'età dei passeggeri sull'asse delle ascisse e la frequenza assoluta sull'asse delle ordinate. Riportiamo dunque i valori ottenuti:

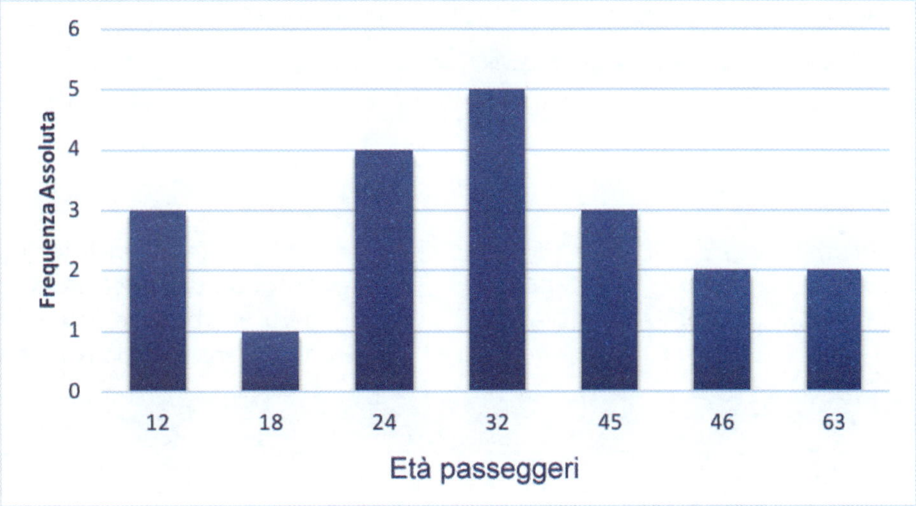

Rifletti:
Che cos'è la moda? E la mediana? Come si calcola la media aritmetica?

Rivedendo questi concetti che di certo avrai studiato, sarai in grado di ricavare da solo che:
- la MODA è 32 anni
- la MEDIANA è 32 anni
- la MEDIA è $\frac{663}{20} = 33{,}15$ anni

Rifletti:
Quanti sono i passeggeri con più di 40 anni?

Ricordando come si calcola la PROBABILITA', potrai rispondere all'ultima domanda:

$$p = \frac{\text{passeggeri con più di 40 anni}}{\text{numero dei passeggeri}} = \ldots\ldots$$

› 2.5 Altri ambiti disciplinari

Anche se le indicazioni ministeriali non fanno riferimento ad altre discipline, è pur vero che le conoscenze scientifiche possono essere sempre coinvolte, in quanto fonte di situazioni reali e matematizzabili. Non si esclude, pertanto, che alcune Scuole propongano prove che coinvolgano quesiti con riferimenti ad altre discipline come la tecnologia o le scienze, presentando ad esempio situazioni afferenti la genetica o la fisica.

CONSIGLIO
ripeti gli argomenti di scienze che presentano formule matematiche, legano grandezze in modo proporzionale, ottengono risultati utilizzando percentuali o probabilità (le leve, i moti, le leggi di Mendel e la genetica, l'intensità di corrente ecc.).

ESEMPIO 2.5.A

Giuseppe e Alessio giocano dondolandosi su un'altalena, lunga 8 m il cui fulcro è posto al centro dell'asse. Se Alessio pesa 40 kg e siede a 2 m dal fulcro, a quale distanza dovrà sedersi il compagno, che pesa 20 kg, affinché l'altalena resti in equilibrio?

Risolviamo insieme

Cosa ti ricorda l'altalena con il fulcro al centro dell'asse?

Sappiamo che vale la seguente proporzione:
Resistenza : Potenza = $\text{Braccio}_{\text{Potenza}}$: $\text{Braccio}_{\text{Resistenza}}$
da cui, sostituendo i valori assegnati dal quesito:

$20 : 40 = 2 : \text{Braccio}_{\text{Resistenza}}$

$\text{Braccio}_{\text{Resistenza}} = \dfrac{40 \cdot 2}{20} = 4$ → La risposta sarà: Giuseppe dovrà sedersi a 4 m dal fulcro.

IMPORTANTE
una leva è in equilibrio quando il prodotto dell'intensità della potenza per il suo braccio è uguale al prodotto dell'intensità della resistenza per il suo braccio.

ESEMPIO 2.5.B

Calcola la massa di un cubo di alluminio (densità= 2,7 g/cm^3) con spigolo di 7 cm.

Risolviamo insieme
Dalla definizione di densità, ricaviamo che la massa si calcola:

massa = Volume · densità

RICORDA
la densità è il rapporto tra massa e Volume.

Prima di procedere, devi calcolare il Volume del cubo: *Volume* = l^3 = ...
A questo punto puoi applicare la formula della massa, moltiplicando il Volume trovato e il valore della densità assegnato: *massa* = *V* · *d* = ...

ESEMPIO 2.5.C

Considera un insieme di corpi costituiti dello stesso materiale, il vetro (p.s. = 2,5 g/cm^3), ma aventi pesi diversi. Indica con x la misura del Volume e con y quella del Peso.

a. Scrivi la funzione che lega il Peso e il Volume.
b. Completa la tabella seguente nella quale sono riportati i valori del Volume di ciascun corpo calcolando il relativo Peso:

V (cm^3)	2	3	4	5	6	7
P (g)						

c. Disegna il grafico della funzione in un sistema di riferimento cartesiano ortogonale.
d. Quale tipo di proporzionalità lega il Peso al Volume? Giustifica la risposta.

Risolviamo insieme

Rifletti:

Qual è la formula che lega il Peso, il Volume e il Peso Specifico?

Dalle formule studiate e considerato il valore del peso specifico assegnato del vetro, puoi facilmente ricavare che la funzione matematica che lega Peso e Volume è:

$$y = 2{,}5x$$

Puoi sostituire i diversi valori del Volume e completare la tabella con i pesi ottenuti:

P(2) = 2,5 · 2 = 5 g P(3) = 2,5 · 3 = 7,5 g P(4) = 2,5 · 4 = 10 g
P(5) = 2,5 · 5 = ... g P(6) = 2,5 · .... = ... g P(7) = ... = ... g

Riportiamo i valori della tabella in un grafico cartesiano:

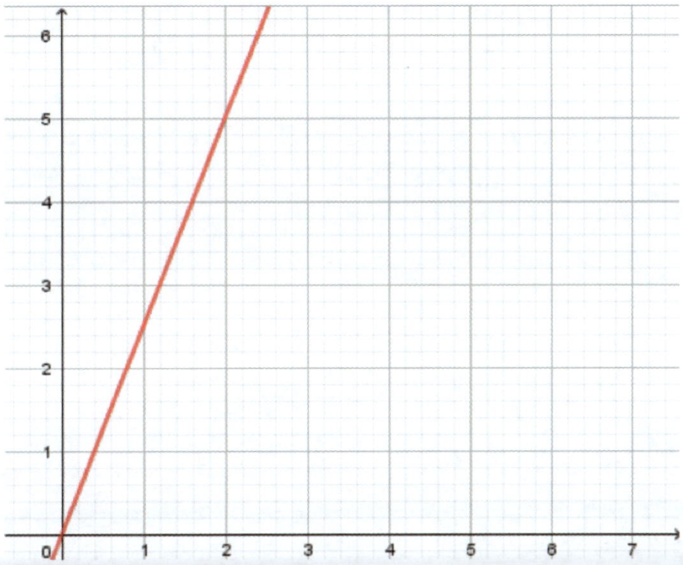

Si tratta di una proporzionalità diretta, che viene rappresentata da una semiretta con vertice nell'origine O(0; 0) degli assi cartesiani.
Il Peso e il Volume sono, dunque, grandezze direttamente proporzionali!

ESEMPIO 2.5.D

Nelle piante di pisello il fattore seme giallo (G) domina sul fattore seme verde (g).

a) Considera un incrocio tra una pianta a seme giallo (omozigote dominante) e una pianta a seme verde (omozigote recessivo) e costruisci la tabella a doppia entrata relativa.
Come saranno genotipicamente e fenotipicamente le piante che nascono da questo incrocio? Quale legge di Mendel regola tale risultato?

b) Considera due piante nate dal precedente incrocio.
Come ritieni saranno i semi delle loro piante figlie? Verifica con una tabella a doppia entrata la tua ipotesi ed esprimi i valori in percentuale.

Risolviamo insieme

Consideriamo un incrocio tra una pianta a seme giallo (omozigote dominante), che indichiamo con **GG**, e una pianta a seme verde (omozigote recessivo), che indichiamo con **gg**:

Costruiamo la tabella a doppia entrata per la prima generazione filiale:

	g	**g**
G	Gg	Gg
G	Gg	Gg

Le piante figlie saranno al 100% eterozigoti **Gg** (GENOTIPO) e al 100% con seme giallo (FENOTIPO). Il risultato è regolato dalla Prima Legge di Mendel, detta anche *legge della dominanza*.

Consideriamo, ora, un incrocio tra due piante nate dall'incrocio precedente:

e costruiamo la tabella relativa:

	G	**g**
G	GG	Gg
g	Gg	gg

I semi delle piante figlie saranno:
- al 25% **GG**, al 25% **gg** e al 50% **Gg** (GENOTIPO)
- al 75% semi gialli e al 25% semi verdi (FENOTIPO)

3. Esercitiamoci per l'esame

› 3.1 Algebra

1. Spazio al ragionamento! Senza procedere con lo svolgimento risolutivo, indica se le seguenti equazioni sono determinate, indeterminate o impossibili:

	Equazione determinata	Equazione indeterminata	Equazione impossibile
$x + 5 = x - 5$	❑	❑	❑
$x + 2 = 0$	❑	❑	❑
$x - 1 = -x + 3$	❑	❑	❑
$2x + 7 = 2x + 7$	❑	❑	❑
$x = -3$	❑	❑	❑

2. Risolvi e verifica le seguenti equazioni e stabilisci se sono equivalenti:

a) $3x - 20 + 5x - 18 + 2x = 12 - 11x - 8 + x + 2 - 2x$

b) $\frac{1}{3} - \frac{5}{3}x - 1 = \frac{1}{12}x - \frac{3}{2} - \frac{1}{6} - x - \frac{1}{2}$

3. Osserva la seguente espressione algebrica e determina quali valori non possono essere attribuiti alla x, motivando la tua risposta.

$$\frac{1}{x-1} - \frac{x}{x+2}$$

Calcola, infine, il valore dell'espressione per $x = 2$.

4. Considera la seguente uguaglianza:

$$x = \frac{a}{b} + c^2$$

a) Calcola il valore della x attribuendo i seguenti valori alle lettere:

$$a = \frac{1}{2} \qquad b = -\frac{4}{3} \qquad c = -\frac{1}{2}$$

b) Quale lettera non può assumere il valore 0? Perché?

c) Verifica che il valore di x così ottenuto sia la soluzione dell'equazione:

$$2(x - 3) + 4(1 - x) = 2 + 3(2x - 1)$$

5. Scegli tra quelle proposte l'equazione che risolve il seguente problema:
Giulia, Elisanna e Martina possiedono in totale 48 €. Giulia ha 13 € più di Elisanna, che ha il doppio dei soldi di Martina. Quanti soldi hanno le tre amiche?

a	b	c	d
$13 + x + 2x = 48$	$x + 2x + 2x + 13 = 48$	$x + 2 + x + 2 + x + 13 = 48$	$2x + x + 13x = 48$

6. Le età di Caterina e Carlotta sono due numeri pari consecutivi.

Calcola le età sapendo che la loro somma si ottiene come MCD tra 700 e 1250.

7. Spiega perché $8x = 0$ e $0x = 8$ sono due diverse tipologie di equazioni.

Sai classificare le seguenti equazioni?

	Equazione determinata	**Equazione indeterminata**	**Equazione impossibile**
$2x + 8(x - 2) = x - 2(x - 4)$	❑	❑	❑
$12 - (x + 8) = -x + 4$	❑	❑	❑
$5x - (2x - 12) = 2x - 5$	❑	❑	❑
$3x - (2x - 2) = x + 4$	❑	❑	❑

8. Dimostra che le due equazioni sono verificate da valori opposti.

$$\frac{1}{2} - \frac{x + 2}{4} + 2x = \frac{7}{3}$$

$$2(x - 3) + x - 7(x + 2) = -2x + 5(x + 3) - 28$$

9. Un numero primo è tale che sommato ai quadrati dei suoi due numeri consecutivi è uguale al doppio del quadrato del numero stesso più 19.

10. Scrivi un'equazione per risolvere il seguente quesito: "Aggiungendo 6 al quadrato di un numero, si ottiene 12. Qual è il numero?"

a) L'equazione che hai ottenuto ha soluzione nell'insieme dei numeri naturali?
b) Nel caso non ci fossero soluzioni, quale numero proporresti per rendere l'equazione risolvibile in N?

› 3.2 Geometria analitica

1. Rappresenta in un piano cartesiano i punti:

A(–4; –1) B(3; –1) C(–1; 2)

a) Disegna la retta *r* passante per il punto **A** e parallela all'asse *y*.
b) Disegna la retta *s* passante per il punto **C** e perpendicolare all'asse *y*.
c) Indica con **D** il punto di intersezione tra le rette *r* ed *s* e scrivi le sue coordinate.
d) Descrivi la figura che si ottiene unendo i punti **A**, **B**, **C** e **D**.
e) Calcola il perimetro e l'area del poligono **ABCD**.

2. In un sistema di riferimento cartesiano, disegna il triangolo avente i vertici nei punti:

A(0; 2) B(4; 2) C(4; 5)

a) Descrivi di che triangolo si tratta.
b) Calcola il perimetro e l'area del triangolo ABC.
c) Disegna il simmetrico del triangolo rispetto all'asse delle ordinate e indica con A′, B′ e C′ i suoi vertici. Scrivi le coordinate dei punti A′, B′ e C′.
d) Disegna il simmetrico del triangolo rispetto all'asse delle ascisse e indica con A″, B″ e C″ i suoi vertici. Scrivi le coordinate dei punti A″, B″ e C″.
e) Come sono i perimetri e le aree dei tre triangoli così ottenuti ABC, A′B′C′ e A″B″C″? Motiva la tua risposta.

3. Rappresenta in un piano cartesiano i punti:

A(–3; 2) B(3; 0)

a) Disegna la retta r passante per i punti A e B.
b) Scrivi le coordinate del punto P in cui la retta *r* interseca l'asse *y*.
c) Stabilisci se il punto Q(2, 1) appartiene alla retta *r*.
d) Determina le coordinate del punto C, sulla retta passante per il punto A e parallela all'asse *y*, in modo che il triangolo ABC sia isoscele sulla base AC.
e) Calcola perimetro e area del triangolo ABC.

4. In un sistema di riferimento cartesiano, disegna le rette aventi le seguenti equazioni:

$r : y = -x + 1$ $s : y = x - 1$ $t : x = -5$

a) Individua le coordinate del punto di intersezione delle rette *r* ed *s* e indica il punto con A.
b) Individua le coordinate del punto di intersezione delle rette *s* e *t* e indica il punto con B.
c) Individua le coordinate del punto di intersezione delle rette *r* e *t* e indica il punto con C.
d) Descrivi il triangolo ABC così ottenuto.
e) Calcola il perimetro e l'area del triangolo ABC.

5. I punti A(–3; 0), B(6; 0), C(3; 3) e D(0; 3) sono i vertici di un trapezio.

a) Stabilisci di quale trapezio si tratta dopo aver calcolato le misure dei lati.
b) Verifica graficamente se le rette $y = x + 3$ e $y = -x + 6$ contengono i lati obliqui.
c) Calcola l'area del trapezio.
d) Unisci il punto C con l'origine O e calcola il perimetro e l'area del parallelogramma AOCD.

6. Fissata l'unità di misura u= 1 cm, rappresenta sul piano cartesiano le rette

$$r : y = -1, \qquad s : y = 2, \qquad t : y = x - 6, \qquad v : y = x - 1$$

a) Determina graficamente i punti d'intersezione delle rette.
b) Stabilisci che tipo di poligono si ottiene unendo i quattro punti.
c) Calcola il perimetro e l'area del poligono (approssima alla seconda cifra decimale).

7. I punti O(0; 0), B(0; 4), C(5; 4), D(x; 0) sono vertici di un trapezio rettangolo.

1. Ricava l'ascissa del punto D affinché si possa ottenere un'area di 28 u^2.
2. Facendo ruotare il trapezio intorno all'asse x si ottiene un solido composto. Calcola superficie totale e volume del solido.

8. In un riferimento cartesiano disegna il segmento *AB*, avente come estremi i punti *A*(0; 3), e *B*(3; 0).
1. Costruisci il simmetrico di *AB* rispetto all'asse *x*.
2. Costruisci il simmetrico di *AB* rispetto all'asse *y*.
3. Costruisci il simmetrico di *AB* rispetto al centro O (origine degli assi).

a) Quale figura geometrica si ottiene? Rispondi giustificando.
b) La figura geometrica così ottenuta è la faccia di un poliedro regolare. Spiega di quale poliedro si tratta e poi calcola l'area della superficie totale e il volume, approssimando i calcoli a due cifre decimali.

9. Dopo aver definito il concetto di coefficiente angolare di una retta, stabilisci quali rette tra quelle indicate sono parallele prima di rappresentarle all'interno del piano cartesiano.

$$r : x - y = 8 \qquad s : y + x = 0 \qquad t : y + x + 2 = 0$$

Per le rette assegnate, indica graficamente i punti di intersezione.

10. Traccia il grafico della retta nel piano cartesiano dopo aver completato la tabella relativa alla funzione proposta.

x	$y = -x + 3$	(x; y)
$x = 1$	$y = -1 + 3 = +2$	(1; +2)

› 3.3 Geometria piana e solida

1. Un solido è formato da due cubi uguali incollati su una loro faccia. L'area di una delle facce è di 784 cm^2. Calcola la superficie totale, il volume e la diagonale del solido.

2. La misura della base di un triangolo isoscele è 48 cm, quella dell'altezza 7 cm.
a) Determina il perimetro e l'area del triangolo.
b) Considera un prisma che ha per base il triangolo dato. L'altezza del prisma è il triplo dell'altezza del triangolo. Determina l'area della superficie totale e il volume del prisma.
c) Quanti kg pesa un blocco di marmo (ps = 2,5 g/cm^3) che ha la forma del prisma?
d) Determina lo spigolo di un cubo equivalente al quintuplo del prisma.

3. Il nonno possiede un terreno di forma rettangolare, con il perimetro di 140 m e una dimensione uguale ai 3/4 dell'altra. Decide di costruire un pozzo cilindrico di profondità 16 m e avente la circonferenza di base lunga 4,71 m.
a) Calcola l'area del terreno.
b) Calcola il volume che occuperà il pozzo.
c) Per coprire il pozzo con un coperchio circolare non sa se usarne uno con raggio 0,5 m o un altro con raggio 75 cm. Motivando la tua risposta, indica quale dei due coperchi sceglieresti.

4. Una delle torri del castello ha base cilindrica e tetto a forma di cono perfettamente coincidente con la parte alta della base. La base è alta 30 m e il tetto ha un diametro di 12 m e un'altezza di 8 m.
a) Calcola l'area della superficie del tetto.
b) Calcola il volume della torre, incluso il tetto.
c) Quanto dovrebbe essere alta una torre senza tetto per risultare equivalente all'altra?

5. Miriam, Sabrina e Alberto per l'attività di scienze dovranno realizzare degli oggetti con materiale povero e hanno deciso di creare delle scatole riciclando vecchi contenitori di forme diverse.
- Miriam ha trovato una scatola a forma di parallelepipedo con i tre lati che misurano 9 cm, 12 cm e 1,4 dm.
- Sabrina ha trovato una scatola cubica con lo spigolo di 11,5 cm.
- Alberto ha trovato un contenitore cilindrico con il diametro di base di 2,8 dm e alto 2,3 cm.

Alberto insiste che le tre scatole sono "grandi" più o meno uguali, pur avendo forme diverse... le ragazze non sono del tutto d'accordo con lui. Secondo te, le scatole occupano lo stesso spazio? Calcola il loro volume e confrontali per motivare la tua risposta.

6. Utilizza le indicazioni per scrivere le espressioni per il calcolo del perimetro e dell'area del poligono ABCDEF.

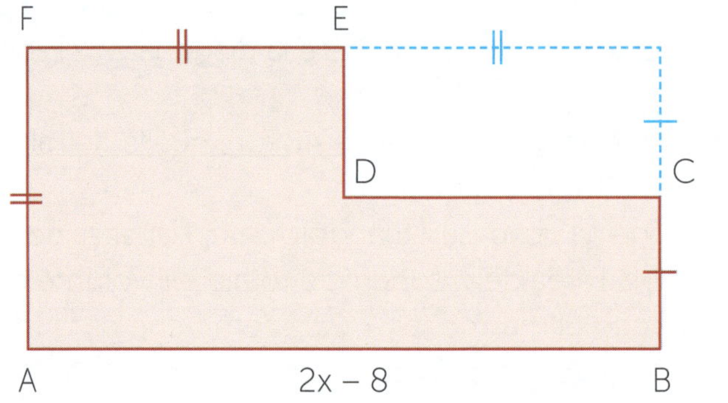

Calcola perimetro e area del poligono, utilizzando il valore $x = 16$ cm

7. Il prisma in figura ha le dimensioni indicate. Scrivi le espressioni per calcolare:

a) Superficie di base
b) Superficie laterale
c) Superficie totale
d) Volume

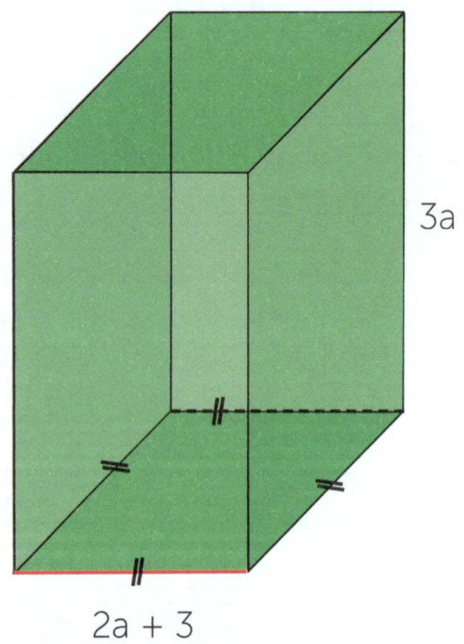

Con a = 4 cm, quali sono i valori di Superficie totale e Volume?

8. Un rettangolo ha una dimensione di 20 cm e la diagonale lunga 25 cm.

a) Calcola il perimetro e l'area del rettangolo.
b) Calcola la superficie totale del parallelepipedo alto 12 cm che ha per base il rettangolo dato.
c) Ruotando il rettangolo intorno alla dimensione maggiore si ottiene un cilindro. Quale sarà il suo volume?
d) Calcola il peso del cilindro supponendo che sia di legno (p.s. = 0,6 g/cm^3).

9. Un trapezio ha i lati obliqui che misurano 10 cm e la base minore è $\frac{3}{7}$ della base maggiore. Sapendo che il perimetro è di 60 cm, calcola:

a) L'area del trapezio.

b) La superficie totale e il volume del solido che si ottiene facendo ruotare di 360° il trapezio attorno alla base maggiore.

c) La massa del solido, supponendo che sia di alluminio (densità = 2,70 g/cm^3).

10. Un cubo di volume 5832 cm^3 presenta una cavità a forma di semisfera con diametro pari a due terzi del suo spigolo. Calcola il volume del solido. Sai scrivere un'espressione per il calcolo della superficie totale del solido?

› 3.4 Dati, statistica e probabilità

1. In tabella sono riportati i valori percentuali dei componenti del latte:

acqua	87,5 %
zucchero	5 %
grassi	3,5 %
albuminoidi	3 %
sali minerali	1 %

Rappresenta tale composizione con un areogramma circolare e calcola l'ampiezza degli angoli corrispondenti ai vari settori.

2. Un commerciante ha venduto negli ultimi 12 mesi le seguenti quantità di una certa merce (espresse in quintali):

Mese	G	F	M	A	M	G	L	A	S	O	N	D
Merce (q)	92	86	88	94	102	88	102	88	106	94	100	108

Determina la media aritmetica, la mediana e la moda della successione dei dati statistici indicata.

3. Certi tipi di semi hanno $\frac{4}{5}$ di probabilità di germogliare e la probabilità che il seme germogliato fiorisca è $\frac{3}{4}$. Quanti semi potranno germogliare e quanti fiorire su 1200 disponibili?

4. Se da un mazzo di 54 carte francesi se ne estrae una, qual è la probabilità che essa sia:

a) Una carta del seme di fiori o un asso di seme rosso

b) Una carta del seme di cuori o una figura

5. Calcola la frequenza assoluta e la frequenza relativa di ciascuna vocale nella famosa poesia l'Eternità di G. Ungaretti:

"Tra un fiore colto e
l'altro donato
l'inesprimibile nulla"

6. Prima di lanciare un nuovo audiolibro per ragazzi, l'ufficio marketing di una casa editrice ha effettuato un sondaggio sul genere letterario preferito. I risultati dell'indagine sono riportati nel seguente grafico:

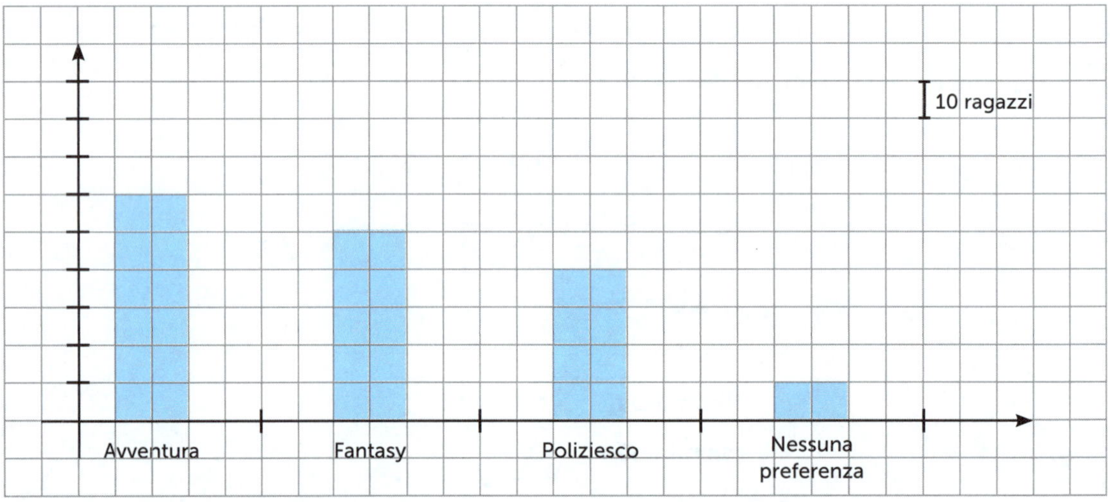

a) Da quanti ragazzi è composto il campione di intervistati?
b) Qual è la moda dei dati raccolti?
c) Qual è la percentuale di coloro che prediligono il genere "Poliziesco"?
d) Per premiare coloro che hanno partecipato al sondaggio vengono scelti tre ragazzi a cui viene regalato un gadget. Qual è la probabilità che il primo ragazzo/a scelto preferisca il genere "Avventura"?

7. Lanciando due dadi tradizionali contemporaneamente, calcolare la probabilità:
- Che esca lo stesso numero su entrambi i dadi
- Che la somma delle facce sia uguale a 4

8. Un tetraedro regolare, composto di materiale omogeneo, ha le facce numerate a partire da 1 in poi.
Lanciando il tetraedro e facendolo ricadere, qual è la probabilità che la faccia rivolta verso il basso:
a) Sia il numero 2?
b) Sia il numero 5?
c) Sia un numero dispari?

9. Di seguito sono stati raccolti i dati relativi al peso, espresso in Kg, degli alunni di una classe prima:

36 ; 30 ; 45 ; 59 ; 36 ; 42; 40 ; 42 ; 56 ; 42 ; 50 ; 40 ;
40 ; 45 ; 36 ; 33 ; 30 ; 30 ; 42 ; 45 ; 30 ; 36 ; 42 ; 30 ; 42

- Ordina i dati in una tabella e calcola la frequenza relativa e assoluta e la percentuale
- Calcola la moda, la media e la mediana dei dati
- Rappresenta con un grafico i dati raccolti

10. Nella tabella sono riportate le risposte di un'indagine statistica relativa alla scelta del percorso di studi dopo la scuola media.

Liceo classico	Liceo scientifico	Liceo artistico	Istituto tecnico	Istituto professionale	Altro
12	24	32	54	42	28

Quanti sono stati gli alunni intervistati? ....
Quali sono le frequenze relative e percentuali?

Genere	Frequenza relativa	Frequenza percentuale
Liceo classico		
Liceo scientifico		
Liceo artistico		
Istituto tecnico		
Istituto professionale		
Altro		

Quale tipologia di scelta rappresenta la moda dell'indagine? ....

› 3.5 Altri ambiti disciplinari

1. Completa la seguente tabella inserendo al posto dei puntini le temperature corrispondenti misurate nelle scale indicate:

°C	K	°F
25	....	....
....	290	....
....	....	50
30	....	....
....	372	....
....	....	80
40	....	....

2. Uno spicchio sferico di ghisa (ps 7,5 g/cm³) ha un raggio di 15 cm e un'ampiezza di 72°. Il suo peso in kg è superiore o inferiore a 15 kg?

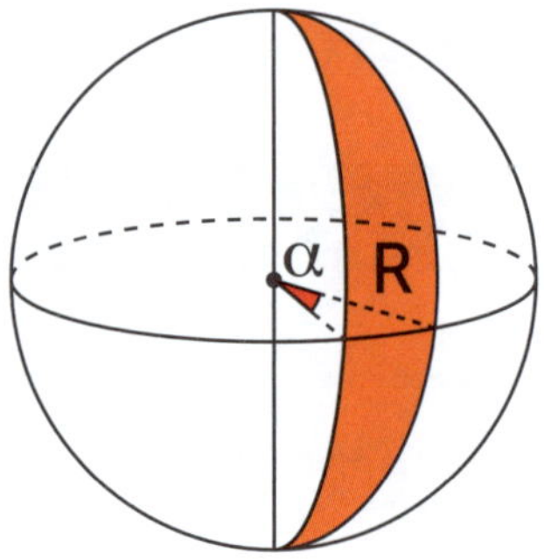

3. Una persona ode il rumore di un tuono 8 secondi dopo aver visto il lampo. A quale distanza si trova dal punto in cui si è prodotto il lampo?

4. In un appartamento sono accese in contemporanea, alimentate da una tensione di 220 volt, 2 lampade da 100 watt, 1 da 60 watt, 5 da 40 watt e 8 da 25 watt. Qual è l'intensità di corrente assorbita complessivamente?

5. Due ragazzi giocano su un'altalena lunga 6 m, il cui fulcro è posto al centro dell'asse. Se uno dei ragazzi pesa 30 kg e siede a 2 metri dal fulcro, a quale distanza dovrà sedere il compagno che pesa 15 kg?

6. Due ragazzi giocano su un'altalena lunga 6 m, il cui fulcro è esattamente al centro dell'asse. Uno dei due ragazzi è posizionato a 360 cm dal fulcro e il suo peso è di 45 kg. Quale dovrà essere la posizione del compagno se il peso di quest'ultimo è di 9 kg superiore?

7. Un cubetto di rame ha una massa di 0,5 kg. Se il rame ha densità di 8,96 g/cm^3, quale volume occupa? *(Approssima alla prima cifra decimale)*
Se la massa del cubetto raddoppia o triplica, quali saranno i nuovi volumi?

Riesci a stabilire se esiste qualche legame di proporzionalità tra massa e volume?

8. Filippo spinge il suo carrello del supermercato per 20 m applicando una forza di 3,0 N parallela allo spostamento. Alice, per lo stesso percorso, applica una forza di 1,2 N sempre parallela allo spostamento. Qual è la differenza di lavoro compiuto dai due ragazzi?

9. Nella tabella sono riportati i valori di grandezze presenti nella prima legge di Ohm. Sai completarla con i dati mancanti?

RESISTENZA	TENSIONE	INTENSITÀ
	6 V	0,03 A
50 Ω		0,05 A
40 Ω	4V	

10. Un masso dal volume 0,2 m^3 e di massa $1{,}5 \times 10^3$ kg è immerso completamente in acqua (densità 1000 kg/m^3). Calcola il modulo della spinta idrostatica applicata dall'acqua sul masso (spinta di Archimede).

4. Esempi di Prove

Adesso mettiti alla prova! Ti proponiamo due simulazione di prove d'esame, articolate su più richieste e composte da quesiti e problemi relativi alle diverse tipologie presentate.
Concentrati e cerca di fare un buon lavoro.

In bocca al lupo per il tuo esame!

A. Mettiamoci alla Prova

QUESITO N. 1

Rappresenta su un sistema di riferimento cartesiano i seguenti punti:

A(– 2 ; – 5) B(+ 2 ; – 5) C(+ 2 ; + 5) D(– 2 ; + 8)

a) Descrivi il quadrilatero che si ottiene congiungendo i punti nell'ordine dato.
b) Supponendo che l'unità di misura fissata sul piano cartesiano sia u = 1 cm, calcola l'area e il perimetro del quadrilatero ABCD.

QUESITO N. 2

Un solido è formato da un cilindro e da un cono sovrapposto, avente la base concentrica ad una base del cilindro. Sapendo che il cono è alto 24 cm e la sua circonferenza di base misura 36π cm, che il raggio di base del cilindro misura 20 cm e che l'altezza del cilindro è i $\frac{5}{4}$ di quella del cono, calcola:

a) l'area della superficie totale del solido;
b) il volume totale del solido;
c) sapendo che il peso del solido è 357,387265 kg e utilizzando la tabella sottostante, indica il materiale con il quale è stato realizzato il solido.

MATERIALI	PESO SPECIFICO (g/cm³)
Vetro	2,5
Ferro	7,8
Alluminio	2,7
Rame	8,9

QUESITO N. 3

In una biblioteca $\frac{1}{7}$ dei libri disponibili sono di avventura, i $\frac{4}{7}$ sono classici e 16 sono di fantascienza.
Sai stabilire quanti libri di ogni genere letterario ci sono?

Qual è la probabilità che scegliendo un libro a caso sia un classico?

QUESITO N. 4

Un corpo, muovendosi con moto rettilineo uniforme, procede alla velocità costante di 36 km/h. Ricordando che nel moto uniforme la relazione che lega spazio (s) a velocità (v) e tempo (t) è:

$$s = v \cdot t$$

a) calcola quanto tempo, espresso in ore, impiegherà il corpo a percorrere 252 km;
b) calcola lo spazio percorso in 2 ore e 30 minuti;
c) completa la seguente tabella calcolando lo spazio percorso per i valori di tempo riportati:

t (h)	1	2	3	4	5	6
s (km)						

d) indica poi con *x* gli intervalli di tempo in ore e con *y* il corrispondente spazio percorso (in km) sempre alla velocità di 36 km/h e scrivi la funzione matematica che lega *y* a *x*;
e) disegna il grafico della relazione nel piano cartesiano;
f) che tipo di proporzionalità esiste tra le due grandezze? Giustifica la risposta.

B. Mettiamoci alla Prova

QUESITO N. 1

Ad una festa, Liliana contando le candeline sulla torta si accorge che Angelica ha il triplo dei suoi anni. La somma delle loro età corrisponde a 36 anni. Quante sono le candeline sulla torta?

Risolvi la seguente equazione e verifica che la soluzione è l'età di Liliana:

$$5x - 3(x - 2) - (x - 4) = x + 4(x + 5) - 6x + 8$$

QUESITO N. 2

Un rettangolo ha le dimensioni di 10 cm e 24 cm.

- Calcola il perimetro, l'area e la diagonale del rettangolo.
- Calcola l'area della superficie totale e il volume di un blocco di ferro a forma di parallelepipedo che ha per base il rettangolo dato e l'altezza di 15 cm.
- Calcola il peso del blocco, ricavando i dati necessari dalla seguente tabella:

MATERIALI	PESO SPECIFICO (g/cm^3)
Marmo	2,7
Ferro	7,8
Piombo	11,4

- Calcola l'area della superficie totale di una piramide quadrangolare regolare equivalente al parallelepipedo e alta 12 cm.

QUESITO N. 3

Una compagnia telefonica propone ai clienti due tariffe così descritte:

- la prima prevede un costo di 10 centesimi ogni minuto di conversazione e nessun costo allo scatto di chiamata;
- la seconda prevede 8 centesimi allo scatto alla risposta e 6 centesimi per ogni minuto di conversazione.

Indica con y il costo (in centesimi) di una chiamata e con x i minuti di conversazione.

a) Scrivi le equazioni che descrivono le due tariffe.
b) Rappresenta il grafico delle due funzioni.
c) Stabilisci in quale caso è più conveniente l'una o l'altra tariffa. Per quanti minuti di conversazione le tariffe si equivalgono?

QUESITO N. 4

L'anemia mediterranea è una malattia genetica recessiva in cui chiamiamo a l'allele malato portatore della malattia, mentre A è l'allele sano.

Considera il caso di due genitori, uno sano e l'altro portatore sano.

- Attraverso una tabella a doppia entrata, illustra la situazione.
- Calcola la probabilità che dalla coppia nasca un figlio malato.

Considera adesso il caso di due genitori entrambi portatori sani.

- Costruisci una nuova tabella che descriva la situazione.
- Calcola la probabilità che nasca un figlio malato e che nasca un figlio sano.

Soluzioni - Esercitiamoci per l'esame

› Algebra

1.	**a)** impossibile
	b) determinata
	c) determinata
	d) indeterminata
	e) determinata

2.	**a)** $x = 2$
	b) $x = 2$
	le due equazioni sono equivalenti

3.	$x \neq 1$ e $x \neq -2$
	$\frac{1}{2}$

4.	**a)** $x = -\frac{1}{8}$
	b) $b \neq 0$

5.	b

6.	24 – 26

7.

	Equazione determinata	Equazione indeterminata	Equazione impossibile
$2x + 8(x - 2) = x - 2(x - 4)$	☒	❑	❑
$12 - (x + 8) = -x + 4$	❑	☒	❑
$5x - (2x - 12) = 2x - 5$	☒	❑	❑
$3x - (2x - 2) = x + 4$	❑	❑	☒

8.	1 e – 1

9.	2

10.	**a)** = NO **b)** = 10 (una delle possibilità)

› Geometria analitica

1.	**c)** D(-4; 2)
	d) trapezio rettangolo
	e) 2p = 18 u ; A = 15 u^2
2.	**a)** triangolo rettangolo
	b) 2p = 12 u e A = 6 u^2
	c) A'(0; 2) ; B'(-4 ; 2) ; C'(-4; 5)
	d) A''(0; -2) ; B''(4 ; -2) ; C''(4; -5)
3.	**b)** P(0; 1)
	c) Q non appartiene alla retta r
	d) C(-3; -2)
	e) 2p = 16,6 u ; A = 12 u^2
4.	**a)** A(1; 0)
	b) B(-5; -6)
	c) C(-5; 6)
	d) triangolo isoscele
	e) 2p = 28,96 u ; A = 36 u^2
5.	**a)** trapezio isoscele
	c) A = 18 u^2
	d) 2p = 14,48 u ; A = 9 u^2
6.	A(0, - 1) B(5, - 1) C(8, 2) D(3, 2) 2p = 18,48 cm Area = 15 cm^2
7.	x = 9
8.	Quadrato – S_{totale} = 108 cm^2 – V = 76,37 cm^3
9.	r // t - P(1, - 1) Q(4, - 4)
10.	-

› Geometria piana e solida

1.	S_T = 7840 cm²; V = 43904 cm³ ; d = 68,58 cm
2.	**a)** 2p = 98 cm ; A = 168 cm²
	b) S_T = 2394 cm²; V = 3528 cm³
	c) p = 8,82 kg
	d) s = 26,03 cm
3.	**a)** A = 1200 m²
	b) V = 28,26 m³
	c) 75 cm
4.	**a)** 60π m²
	b) 1176π m³
	c) circa 33 m
5.	V_1 = 1512 cm³ ; V_2 = 1520,8 cm³ ; V_3 = 1415,5 cm³
6.	2p =72 cm A = 216 cm²
7.	S_{totale} = 770 cm² Volume = 1452 cm³
8.	**a)** 2p = 70 cm A = 300 cm²
	b) $A_{tot.}$ = 1440 cm²
	c) V = 4500π cm³
	d) P = 8478 g
9.	**a)** A = 120 cm²
	b) S_{totale} = 264πcm² ; V = 624πcm³
	c) 5290,272 g
10.	V = 5379,84 cm³ $S_{totale\ solido} = S_{totale\ cubo} - S_{cerchio\ massimo\ sfera} + \frac{1}{2} S_{totale\ sfera}$

› Dati, statistica e probabilità

1.

	settore ACQUA: 315°
	settore ZUCCHERO: 18°
	settore GRASSI: 12,6°
	settore ALBUMINOIDI: 10,8°
	settore SALI MINERALI: 3,6°

2.

	media aritmetica: 95,6
	mediana: 94
	moda: 88

3. 960 ; 720

4. $\frac{5}{18}$; $\frac{11}{27}$

5

VOCALI	frequenza assoluta	frequenza relativa
a	4	$\frac{4}{47}$
e	4	$\frac{4}{47}$
i	5	$\frac{5}{47}$
o	6	$\frac{6}{47}$
u	2	$\frac{2}{47}$

6.

	a) 160
	b) Avventura
	c) 25%
	d) 0,375

7. $\frac{1}{6}$; $\frac{1}{12}$

8.

	a) 0,25
	b) 0
	c) 0,5

9.

	Frequenza assoluta	Frequenza relativa	Frequenza percentuale
30	5	0,2	20%
33	1	0,04	4%
36	4	0,16	16%
40	3	0,12	12%
42	6	0,24	24%
45	3	0,12	12%
50	1	0,04	4%
56	1	0,04	4%
59	1	0,04	4%

Moda: 42 Media: 39,96 Mediana: 40

10. 192

Genere	Frequenza assoluta	Frequenza percentuale
Liceo classico	0,0625	6,25%
Liceo scientifico	0,125	12,5%
Liceo artistico	0,166	16,6%
Istituto tecnico	0,28	28%
Istituto professionale	0,218	21,8%
Altro	0,1458	14,58%

Istituto tecnico

Altri ambiti disciplinari

1.

°C	K	°F
25	**298,15**	**77**
16,85	290	**62,33**
10	**283,15**	50
30	**303,15**	**86**
98,85	372	**209,93**
26,66	**299,817**	80
40	**313,15**	**104**

2. 21,195 kg

3. 2720 m

4. 3 ampere

5. 4 m

6. 3 m

7. 55,8 cm^3 - Grandezze direttamente proporzionali

8. 36 J

9.

Resistenza	Tensione	Intensità
200 Ω	6 V	0,003 A
50 Ω	2,5 V	0,05 A
40 Ω	4 V	0,1 A

10. S_a = 1962 N